吕宝乾 卢 辉 郭安平 主编

南繁区主要病虫害原色图谱

中国农业科学技术出版社

图书在版编目（CIP）数据

南繁区主要病虫害原色图谱 / 吕宝乾，卢辉，郭安平主编. --北京：中国农业科学技术出版社，2022.5

ISBN 978-7-5116-5722-0

Ⅰ.①南… Ⅱ.①吕… ②卢… ③郭… Ⅲ.①病虫害防治－图谱 Ⅳ.①S43-64

中国版本图书馆CIP数据核字（2022）第 056486 号

责任编辑　李　华
责任校对　李向荣
责任印制　姜义伟　王思文

出 版 者	中国农业科学技术出版社
	北京市中关村南大街 12 号　　邮编：100081
电　　话	（010）82109708（编辑室）　　（010）82109702（发行部）
	（010）82109709（读者服务部）
网　　址	http://www.castp.cn
经 销 者	各地新华书店
印 刷 者	北京地大彩印有限公司
开　　本	170 mm×240 mm　1/16
印　　张	7.75
字　　数	131 千字
版　　次	2022 年 5 月第 1 版　　2022 年 5 月第 1 次印刷
定　　价	78.00 元

《南繁区主要病虫害原色图谱》

编委会

主　编：吕宝乾（中国热带农业科学院环境与植物保护研究所）

　　　　卢　辉（中国热带农业科学院环境与植物保护研究所）

　　　　郭安平（中国热带农业科学院热带生物技术研究所）

副主编：孔祥义（三亚市热带农业科学研究院）

　　　　袁伟方（三亚市农业技术推广服务中心）

　　　　唐继洪（中国热带农业科学院环境与植物保护研究所）

　　　　张曼丽（海南省植物保护总站）

编　委：何　杏（中国热带农业科学院环境与植物保护研究所）

　　　　陈绵才（中国热带农业科学院三亚研究院）

　　　　车海彦（中国热带农业科学院环境与植物保护研究所）

　　　　曹　扬（中国热带农业科学院热带生物技术研究所）

　　　　蔡　波（海口海关）

　　　　吉训聪（海南省农业科学院）

　　　　林南方（海南大学）

　　　　程春喜（福建农林大学）

　　　　周晓娟（中国热带农业科学院环境与植物保护研究所）

　　　　刘　卓（贵州大学）

　　　　匡富萍（海南大学）

　　　　王秀婷（海南大学）

　　　　宋瑶瑶（华中农业大学）

　　　　陈玉莹（黑龙江八一农垦大学）

前　言

reface

南繁是指每年秋冬季节到海南省利用热带地区适宜的光温条件,从事农作物品种选育、种子生产加代和种质鉴定等活动。南繁可使品种选育时间缩短1/3~1/2,已成为育种研究的必备程序。新中国成立以来我国已育成7 000多个农作物品种,有70%以上品种是经过南繁培育而成。南繁已经成为新品种选育的"孵化器"和"加速器",而南繁基地则被誉为中国种业硅谷、良种库、育种家的天堂。

海南地处高温高湿的热带地区,物种资源十分丰富,为各种有害生物的生存、扩散提供了适宜的气候和食物条件,是全球生物入侵最为严重的地区之一。随着海南自贸港、全球动植物种质资源引进中转基地建设及经济全球化与国际贸易往来的迅速发展,入侵海南国家南繁区的危险性外来生物呈现传入数量增多、频率加快、蔓延范围扩大、发生危害加剧的趋势。然而,南繁育种生物安全基础设施建设非常薄弱,特别是缺乏专用、现代化、高安全级别的综合研究基础设施,严重制约南繁生物安全科学发展和高危有害生物预防控制技术水平的提高。如何准确、迅速地识别南繁区作物的病虫害并进行及时有效防治,成为当前急需解决的关键问题。

本书紧紧围绕南繁产业发展与实际需求,以目前南繁区生产过程中发生的主要病虫害为切入点,以综合防控技术为目标,详细介绍了16种虫害和19种病害的分类地位、鉴别特征、危害症状、病原、传播途径及针对性防治措施等，以期为提高南繁区的病虫害防治技术水平提供技术与智力支撑。本书主要面向南繁区农业技术推广人员、种植户及农资公司销售人员，亦可供大专院校、科研单位等部门相关人员和研究生参考。

本书的编写得到了海南省重大科技计划项目（No. 2DKJ201901）、海南省国际科技合作研发项目（GHYF2022002）、国家重点研发计划（2021YFD1400702、2021YFD1400705、2021YFD1400701）、海南省重大科技计划项目（No. 2DKJ202002）的支持。在本书编写过程中，参考并引用了一些学者的意见和观点，限于篇幅，不能一一列出，谨表致谢！

主　编

2022年1月

目 录
Contents

第一章 南繁区病虫害概述

一、南繁区概况

南繁作物已有将近30种，主要有水稻、棉花、玉米、大豆和瓜菜等，并已涉及农林牧渔等多个领域。南繁是我国科技工作者的创举，历经50余载，南繁在缩短作物繁育周期、保障我国粮食和种业安全领域发挥了关键性作用，彰显出科学性、全局性、不可替代性和唯一性等特征，已逐渐发展成为我国的战略性资源，与关系到我国基础性、战略性、安全性和稳定性的核心经济与政治利益息息相关。目前，海南南繁区已经发展成为我国最大的、最具影响力的和最开放的农业科技试验基地，有"中国种业科技硅谷"的美誉，聚集了区位、品种、人才和信息等优势资源。

南繁育（制）种的概念起源于农作物南繁的（异地培育）理论，该理论是由著名玉米育种家吴绍骙先生在20世纪50年代提出来的，一开始主要应用于玉米的种子培育。农作物育种是以年作为周期的，如果仅在我国北方种植，需要7年以上的时间才能选育出一个玉米杂交种，但是如果能够利用冬季南方温暖的气候条件，南北交替种植，可以起到加快繁育速度的作用，缩短玉米的育种年限，从而节省了大量的时间和金钱。

二、南繁区主要病虫害

海南是外来入侵生物为害较严重的地区。准确的外来入侵物种数量难以统计，但据专家估计，海南外来入侵物种不少于160种，其中重要的入侵植物有薇甘菊、飞机草、凤眼莲（水葫芦）、香附子、假臭草、含羞草、巴西含羞草、三裂蟛蜞菊、藿香蓟、阔叶丰花草、马缨丹、仙人掌、空心莲子草、野甘草等，重要的入侵害虫有椰心叶甲、美洲斑潜蝇、B型烟粉虱、蔗扁蛾、红棕象甲等，重要的入侵动物有东风螺、福寿螺和大家鼠，重要入侵微生物引起的病害有香蕉枯萎病、水稻细菌性条斑病和南繁作物细菌性萎蔫病。

海南地理位置独特，是相对独立的地理单元，拥有全国最好的生态环境，自然条件优越，同时，高温、高湿的气候环境，也非常有利于各种病虫草的入侵、蔓延和暴发。2013年第二届国际生物入侵大会上透露，目前入侵中国的外来生物已经确认有544种，成为世界上遭受生物入侵最严重的国家之一，已遍及34个省级行政区，近年来仍有逐渐加重的趋势。入侵物种主要包括紫茎泽兰、豚草、水葫芦、莲子草等植物；美洲斑潜蝇、美国白蛾、松突圆蚧等昆虫；福寿螺、非洲大蜗牛等动物；草地贪夜蛾、假高粱和红火蚁是危险性入侵有害生物；以及造成马铃薯癌肿病、甘薯黑斑病、大豆疫病、棉花黄萎病的致害微生物等。主要分布在华南、华东和华中，华北和东北次之，西北最少。

近年来传入海南的香蕉枯萎病、槟榔黄化病、南繁作物细菌性萎蔫病、多主棒孢病害、椰心叶甲、螺旋粉虱、单爪螨、薇甘菊等有害生物对橡胶、南繁作物、香蕉、棕榈植物等热带作物产业的健康发展威胁巨大。据估计，热带作物受有害生物为害损失产量达15%～50%，严重时甚至绝收，同时造成农产品质量下降。据不完全统计，每年有全国29个省（区、市）700多家南繁单位和项目组的6 000多名专家学者和科技人员来南繁基地开展育种科研工作，南繁区因其特殊的生态环境成为"全国和世界危险性有害生物的汇集地及中转站"的风险也逐渐加大。

作为新品种培育、南繁种子种苗生产和质量鉴定的南繁基地，每年都有大批的种子、种苗频繁出入，给多种病虫草的传播带来了极大的风险，特别是外来有害生物通过南繁育种传播到海南及全国扩散的风险不断加大。因而掌握南繁育种基地主要病虫害分类地位、鉴别特征、为害症状、病原、传播途径，为南繁作物有害生物的防控提供第一手的疫情资料和及时有效的绿色防控，对南繁产业具有十分重大的意义。

第二章 虫害

一、稻飞虱

1. 分类地位

属于同翅目（Homoptera），飞虱科（Delphacidae），常见种类有褐飞虱［*Nilaparvata lugens*（Stal）］、灰飞虱［*Laodelphax striatellus*（Fallén）］和白背飞虱［*Sogatella furcifera*（Horvath）］。

2. 鉴别特征

（1）褐飞虱。成虫体背面暗褐色或紫褐色，有油状光泽。头顶略向前方突出，颜面部有3条纵脊，中脊不间断，前胸背板及小盾片上有3条纵走的隆起线。翅褐色，半透明，有光泽，后缘近中央处有黑褐色斑纹1个。雌虫腹部较长，末端呈圆锥形，雄虫腹部较短而瘦，末端近似喇叭筒状。短翅型成虫的翅发育程度低，前翅与后翅均短于身体，失去飞行能力，繁殖能力强，种群增殖能力强，褐飞虱种群以短翅型为主。长翅型体长达4～5mm，短翅型体长达3.5～4.0mm。

褐飞虱成虫

卵前期丝瓜形，后期弯弓形，长约0.8mm。初为黄白色，后渐变为淡黄色，并出现红色眼点。通常10～20粒成行排列，前部单行，后部挤成双行，卵帽稍露出产卵痕。

褐飞虱卵

若虫初孵时淡黄白色，后变褐色，长约3.2mm。体近椭圆形，5龄时虫腹部第3～4腹节背面各有1个白色"山"字形纹。若虫落于水面后足伸展成"一"字形。长翅型与短翅型若虫的区别是短翅型左右翅靠近，翅端圆，翅斑明显，腹背无白色横条纹。

褐飞虱若虫

（2）灰飞虱。成虫体淡黄褐色或灰褐色，头顶略向前突，复眼及单眼均为黑色，额侧脊略呈弧形，颜面部纵沟黑色。长翅型雌虫中胸小盾片黄白色、土黄色或黄褐色，两侧各有1个半月形褐色斑纹，翅淡灰色，半透明，有翅斑。雄虫中胸小盾片黑色。短翅型雌虫翅伸达腹末。短翅型雄虫颜色较雌虫深，黄褐色或灰褐色，小盾片黑色。长翅型体长达3.5～4.2mm，短翅型体长达2.1～2.8mm。

卵前期为香蕉形，中后期为长茄子形，长约0.7mm。初产时为乳白色，半透明，孵化前出现紫红色眼点。通常3～20粒排列成串、成簇，前部单行，后部挤成双行。卵帽露出产卵痕。

若虫初孵时淡黄色，后呈黄褐色至灰褐色，也有呈红褐色，长2.7～3.0mm。体近椭圆形，黄褐色，腹部背面两侧具"八"字褐纹。额为黑色，落于水面后足向后斜伸成"八"字形。

灰飞虱（雌）　　　　　　灰飞虱（雄）　　　　　　若虫

（3）白背飞虱。成虫体背面淡黄色或灰黄色，有黑褐色斑，前胸背板黄白色。长翅型头顶较狭，突出在复眼前方，颜面部有3条凸起纵脊，脊色淡，沟色深，黑白分明。胸背小盾片中央有五角形的黄白色长斑，较灰飞虱雌虫略长。雄虫两侧黑色，雌虫两侧深褐色。翅淡黄褐色，半透明，两翅会合线中央有1个黑斑。短翅型雌虫体肥大，呈灰黄色或淡黄色，短翅灰黄色，仅及腹部的1/2。长翅型体长达3.8～4.6mm，短翅型体长达3.5mm左右。

卵前期新月形，中后期长辣椒形，长约0.8mm，宽约0.2mm。初产时乳白色，后变淡黄色，并出现2个红色眼点。通常3～10粒单行排列，卵帽不露出产卵痕。

若虫初孵时乳白色，有灰斑，后呈淡黄色，长约2.9mm。体橄榄形，头顶突，灰褐色，腹部背面第2～3节具明显的黄白斑。头部正面雄虫额黑色，雌虫额褐色。落于水面后足平伸成"一"字形。

白背飞虱

卵　　　　　　　　　　　　　若虫

3. 为害症状

　　3种稻飞虱均以成、若虫口器刺吸食稻株汁液为害，并能产卵刺伤稻组织，为害水稻的症状相似，但仍存在一些差别。

　　褐飞虱以成、若虫群集于稻丛基部，刺吸茎叶组织汁液。虫量大，受害重时引起稻株瘫痪倒伏，俗称"冒穿"，导致严重减产或失收。同时当其产卵时，可在稻株茎叶组织形成大量伤口，促使水分由刺伤点向外散失，同时破坏疏导组织，加重水稻的受害程度。不仅如此还能引起其他病害的发生，它是水稻黄丛矮缩病的虫媒，能传播水稻纹枯病、小麦矮缩病、玉米粗皮病和玉米条纹矮缩病等病毒病。

灰飞虱一般群集于稻丛下部叶片，吸食稻株内的汁液，使稻株内水分含量迅速下降；虫口大时，稻株汁液大量丧失而枯黄，同时因大量蜜露洒落附近叶片或穗子上而滋生霉菌，但较少出现类似褐飞虱和白背飞虱的"虱烧""冒穿"等症状；能传播条纹叶枯病、小麦丛矮病和玉米粗缩病等病毒病，所造成的为害常大于直接吸食为害。

白背飞虱成、若虫群集在稻丛下部，吸食稻株内的汁液，使稻株内水分含量迅速下降。其唾腺还分泌1种有毒物质，破坏稻株组织，使被害茎秆上出现许多褐色斑点，稻丛下部变黑褐色，阻碍水稻生长。雌虫产卵时，以尖锐的产卵管刺入叶鞘与茎秆组织，产卵于其中，使稻株枯黄或倒伏。为害严重时，可在短期内导致全田叶片焦枯，状似火烧，稻丛基部变黑发臭，常引起烂秆倒伏。

4. 生活习性

稻飞虱有远距离迁飞习性，主要为害水稻，是目前影响我国水稻稳产、高产的主要虫害之一。稻飞虱除在我国海南、两广（广西和广东）南部和云南南部冬季有少量虫源存活外，在我国其他大部分地区常年均不能越冬，春、秋季初始虫源主要来源于国外。

食性范围较窄，仅为害水稻和野生稻。成虫、若虫喜阴湿环境，尤其是低龄若虫，喜欢栖息在距水面10cm以内的稻株上。湿度大的稻田若虫生长快，虫体明显肥大，虫龄可相差1龄。湿度大的稻田成虫产卵量也多，卵的孵化率高，孵化进度加快，低龄若虫成活率也高。成虫对嫩绿水稻趋性明显，成、若虫密集刺吸稻丛下部组织，分泌唾液，吸吮汁液。若虫2龄前食量小，抗逆力差。3龄后食量猛增，抗逆力增强。雄虫可行多次交配，24～27℃时，羽化后2～3d开始交配。成虫在叶鞘、叶片等处产卵。每只雌虫一般可产卵200～300粒，而短翅成虫产卵量则达300～800粒。水稻生长期间各世代平均寿命10～18d，田间增殖倍数每代10～40倍。在稻丛冠层以下气温25℃左右、湿度80%以上对虫口发展比较有利。雌成虫产卵期延长，寿命可超过20d，卵期8～9d，若虫期15d左右，成虫产卵前期3～5d，完成1个世代约为39d。而日均温度超过30℃或低于20℃，对种群的发展均为不利。

5. 防治措施

（1）农业防治。因地制宜选育抗（耐）稻飞虱品种，加强肥水等管理。施肥要注意氮磷钾配合使用，在施用方法上，基肥可适当加重，要早施巧施肥。合理灌溉，适时烤田晒田，防止倒伏。冬春铲除田边、沟边杂草，消灭越冬虫源。

（2）生物防治。利用拮抗微生物进行防治，真菌有青霉属、镰孢属及丁霉属的一些种；细菌有假单胞杆菌属和芽孢杆菌属的一些细菌，可在一定程度抑制虫害的发生。

（3）化学防治。这是最直接、有效的防治措施。可选用井冈霉素、噻氟菌胺、纹枯利、禾枯灵、敌力脱等药剂，在水稻孕穗期和齐穗期用药效果最好。喷施时，需注重喷射稻丛的中下部。

二、稻纵卷叶螟

1. 分类地位

稻纵卷叶螟［*Cnaphalocrocis medinalis*（Guenee）］隶属于鳞翅目（Lepidoptera），螟蛾科（Pyralidae）。

2. 鉴别特征

成虫长7～9mm，淡黄褐色，前翅有两条褐色横线，两线间有1条短线，外缘有暗褐色宽带；后翅有两条横线，外缘亦有宽带；雄蛾前翅前缘中部，有闪光而凹陷的"眼点"，雌蛾前翅则无"眼点"。

卵长约1mm，椭圆形，扁平且中间稍隆起，初产白色透明，近孵化时淡黄色，被寄生卵为黑色。

幼虫老熟时长14～19mm，低龄幼虫绿色，后转黄绿色，成熟幼虫橘红色。

蛹长7～10mm，初黄色，后转褐色，长圆筒形。

卵

幼虫

蛹　　　　　　　　　　　　成虫

3. 为害症状

初孵幼虫取食水稻心叶，出现针头状小点，也有先在叶鞘内为害，随着虫龄增大，吐丝缀稻叶两边叶缘，纵卷叶片成圆筒状虫苞，幼虫藏身其内啃食叶肉，留下表皮呈白色条斑。受害严重的田块成一片枯白，甚至抽不出穗，造成水稻减产。以孕穗期、抽穗期受害损失最大。

为害症状

4. 生活习性

稻纵卷叶螟是一种迁飞性害虫，海南一年发生9~11代，周年为害，无越冬现象。成虫有趋光性，栖息趋荫蔽性和产卵趋嫩性，适温高湿产卵量大，一般每雌产卵40~70粒；卵多单产，也有2~5粒产于一起，气温22~28℃、相对湿度80%以上，卵孵化率可达80%~90%。雌蛾产卵前期3~12d，雌蛾寿命5~17d，雄蛾寿命4~16d。

幼虫共5龄，初孵幼虫大部分钻入心叶为害，进入2龄后，则在叶上结苞，孕穗后期可钻入穗苞取食。幼虫一生食叶5~6片，多达9~10片，食量随虫龄增加而增大，1~3龄食叶量仅在10%以内，幼虫老熟多数离开老虫苞，在稻丛基部黄叶及无效分蘖嫩叶上结满茧化蛹。稻纵卷叶螟发生轻重与气候条件密切相关，适温高湿情况下，有利成虫产卵、孵化和幼虫成活，因此，多雨日及多露水的高湿天气，利于其猖獗发生。老熟幼虫多爬至稻丛基部，在无效分蘖的小叶或枯黄叶片上吐丝结成紧密的小苞，在苞内化蛹，蛹多在叶鞘处、位于株间或地表枯叶薄茧中，一般离地面

7～10cm处的叶鞘内、稻丛基部或老虫苞中化蛹，蛹期5～8d。

稻纵卷叶螟天敌约80种，各虫期都有天敌寄生或捕食。卵期寄生天敌如拟澳洲赤眼蜂、稻螟赤眼蜂，幼虫期如纵卷叶螟绒茧蜂，捕食性天敌如蜘蛛、青蛙等，对稻纵卷叶螟都有很大控制作用。

5. 防治措施

（1）农业防治。选用抗（耐）虫水稻品种，合理施肥，使水稻生长发育健壮，防止前期猛发旺长，后期迟熟。科学管水，适当调节搁田时间，降低幼虫孵化期田间湿度，或在化蛹高峰期灌深水2～3d，杀死虫蛹。

（2）生物防治。保护利用天敌，提高自然控制能力。我国稻纵卷叶螟天敌种类多达80种，各虫期均有天敌寄生或捕食，保护利用好天敌资源，可大大提高天敌对稻纵卷叶螟的控制作用。

（3）化学防治。根据水稻分蘖期和穗期易受稻纵卷叶螟为害，尤其是穗期损失更大的特点，药剂防治的策略，应狠治穗期受害代，不放松分蘖期为害严重代别的原则。药剂防治稻纵卷叶螟施药时期应根据不同农药残效长短略有变化，击倒力强而残效较短的农药在孵化高峰后1～3d施药，残效较长的可在孵化高峰前或高峰后1～3d施药，但实际生产中，应根据实际，结合其他病虫害的防治，灵活掌握。

三、草地贪夜蛾

1. 分类地位

草地贪夜蛾［*Spodoptera frugiperda*（J.E.Smith）］，属于鳞翅目（Lepidoptera），夜蛾科（Noctuidae），灰翅夜蛾属（*Spodoptera*）。

2. 鉴别特征

（1）成虫。翅展32～40mm，前翅深棕色，后翅白色，边缘有窄褐色带。雌蛾前翅呈灰褐色或灰色棕色杂色，具环形纹和肾形纹，轮廓线黄褐色。雄蛾前翅灰棕色，翅顶角向内各具一大白斑，环状纹后侧各具一浅色带自翅外缘至中室，肾形纹内侧各具一白色楔形纹。

成虫（雄）　　　　　　　　　成虫（雌）

（2）幼虫。一般6个龄期，体长1～45mm，体色有浅黄、浅绿、褐色等多种，典型特征是背面4个呈正方形排列的黑点，3龄后头部具倒"Y"形纹。

幼虫

（3）卵。圆顶形，直径0.4mm，卵高0.3mm，通常100～200粒堆积成块状，多有白色鳞毛覆盖，初产时为浅绿色或白色，多产于叶正面、作物基部、近喇叭口处。

卵

（4）蛹。被蛹，体长15～17mm，宽4.5mm，化蛹初期体色淡绿色，逐渐为红棕色及黑褐色。老熟幼虫落地2～8cm化蛹，有时也在果穗或叶腋处化蛹。

3. 为害症状

在玉米上，1～3龄幼虫通常隐藏在心叶、叶鞘等部位取食，形成半透明薄膜"窗孔"；低龄幼虫还会吐丝，借助风扩散转移到周边的植株上继续为害，4～6龄幼虫对玉米的为害更为严重，取食叶片后形成不规则的长形孔洞，可取食整株玉米的叶片，也会钻蛀心叶、未抽出的雄穗及幼嫩雌穗，影响叶片和果穗的正常发育。苗期严重受害时生长点被破坏，形成枯心苗。

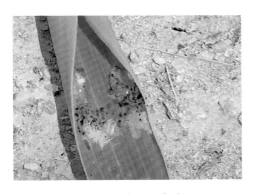

1～3龄为害——窗孔

为害症状

4. 生活习性

草地贪夜蛾的成虫可进行长距离的飞行，迁徙的速度非常迅速，成虫一晚可迁徙长达100km，据估计一个世代即可迁徙长达近500km，如此速度可能裨益于大气中的气流。

草地贪夜蛾幼虫的食性广泛，可取食超过76个科、350种植物，其中又以禾本科、菊科与豆科为大宗。某些玉米品系在叶片受损时，可合成一种能抑制草地贪夜蛾幼虫生长的蛋白酶抑制剂，而对其具有部分抗性。草地贪夜蛾的成虫则以多种植物的花蜜为食。除了食用植物外，草地贪夜蛾的幼虫还普遍有同类相食的行为，即体型较大的幼虫会以体型较小者为食，自然界中同类相食通常有助于增加该物种的适存度，但有研究显示草地贪夜蛾的同类相食可能会造成其适存度降低，包括生存率降低、蛹的重量降低、发育速度减缓等，而此行为的正面影响仍不清楚，可能与减少种内竞争有关，还有野外试验显示族群个体密度大时，被掠食者捕食的概率也会上升，因此透过同类相食降低个体密度可能可以减少被捕食的风险。

5. 防治措施

（1）理化诱控。雌性草地贪夜蛾成虫释放性信息素，雄虫可沿着性信息素气味寻找到雌虫，交配产卵，繁衍后代。草地贪夜蛾诱芯是模拟雌成虫释放的性信息素，配套诱捕器捕获雄虫，减少雌虫交配繁殖的机会。

草地贪夜蛾理化诱控诱捕器

（2）生物防治。海南田间调查的寄生性天敌主要有5种，其中卵寄生蜂——夜蛾黑卵蜂寄生率高于螟黄赤眼蜂为28.9%；幼虫寄生蜂——淡足侧沟茧蜂寄生率高于台湾甲腹茧蜂为12.3%；蛹寄生蜂——霍氏啮小蜂寄生率最低为4.5%。

夜蛾黑卵蜂　　　　　　　　　　　　螟黄赤眼蜂

淡足侧沟茧蜂　　　　　台湾甲腹茧蜂　　　　　霍氏啮小蜂

寄生性天敌

捕食性天敌包括瓢虫、螳螂和捕食蝽等。

瓢虫　　　　　　　　　　　猎蝽

（3）化学防治。对虫口密度高、集中连片发生区域，抓住幼虫低龄期实施统防统治和联防联控；对分散发生区实施重点挑治和点杀点治，推广应用乙基多杀菌素、茚虫威、甲维盐、虱螨脲、虫螨腈、氯虫苯甲酰胺等高效低风险农药。

化学防治

四、红火蚁

1. 分类地位

红火蚁（*Solenopsis invicta* Buren），属于膜翅目（Hymenoptera），蚁科（Formicidae），火蚁属（*Solenopsis*）。

2. 鉴别特征

为了鉴定和识别的方便，将其分为小型工蚁和大型工蚁（兵蚁）两大类型。

小型工蚁体长一般2.5～4mm，头、胸、触角及足棕红色；腹部卵圆形，暗褐色，节间色淡，背面具淡色斑纹和条带，可见腹节4节，红火蚁腹部末端带有螫针；腹部前方有2个结节（腹柄节和后腹柄节）。红火蚁的头部近方形；复眼较明显，黑色，由数10个小眼组成。触角10节，柄节最长，但不达头顶，鞭节端部2节膨大形成锤节。唇基明显，两侧各生有1齿，特别是中央还具1三角形小齿（头盾中齿），是它与近缘种区别的第1个主要特征，齿端常着生有1根刚毛；上唇退化，上颚极为发达，特别是内缘具有4个明显小齿，是它与近缘种区别的第2个主要特征。胸部背板前端隆起，前、中胸背板的节间缝明显，中、后胸的不明显。

兵蚁（大型工蚁）体长一般6～7mm，形态与小型工蚁（兵蚁）相似，但体更红（橘红色），略光亮，并生有微毛，腹部背板颜色更深，螫针常不外露，上颚更加发达，黑褐色。兵蚁头部有1条倒"Y"形的刻痕，中胸侧板有刻纹或表面粗糙。头部的宽度均小于其腹部的宽度，小型工蚁为0.5mm左右，兵蚁可达1.5mm左右。

雄性有翅蚁的身体和头部均为黑色，雌性有翅蚁则是红棕色，且体型要比雄性大。

红火蚁快速鉴别方法如下。

（1）中躯与腹部间有2个明显结节，无前伸腹节齿，红火蚁的腹柄结具有2节，且较为暴露，第1结节呈扁锥状，第2结节呈圆锥状。

（2）触角10节，锤节部分由2节组成，明显膨大。

（3）唇基内缘中齿明显，最易干扰识别红火蚁的蚂蚁种类就是热带火蚁（*Solenopsis geminata*），两者形态颇为相似，但是在室内显微镜下可通过观察蚂蚁唇基内缘中央是否具备明显的齿进行区别，热带火蚁无此特征。

（4）红火蚁兵蚁头部比例较小，后头部平顺无凹陷。

（5）具明显的复眼，由数十个小眼组成。

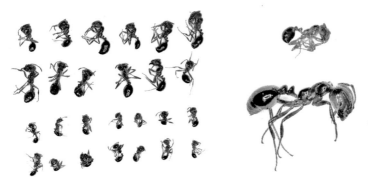

红火蚁　　　　　　　　小型工蚁和大型工蚁（兵蚁）

红火蚁特征——中躯与腹部存在2个明显结节，无前伸腹节齿

红火蚁特征——触角10节

红火蚁特征——唇基中齿明显

红火蚁特征——后头部平顺无凹陷

红火蚁特征——复眼

3. 为害症状

（1）对人的危害。红火蚁不但是城市害虫，而且还是农业及医学害虫。红火蚁给居住在大城市和乡村的人带来被咬伤的问题。虽然红火蚁偏爱在地下和阳光充足的地方建巢，但它们也可将巢建于居室内的墙缝中、地毯下、衣橱及阁楼的箱子中。无论在室内还是室外，红火蚁建巢时通常会携带大量的泥土，清理这些泥土也造成了额外的负担。因此红火蚁甚至可以成为家庭、住宅、公寓、商店的一个严重问题。

多蚁后型红火蚁每公顷的蚁丘数高达500个，而每蚁丘内的工蚁数可达10万～20万头，即每公顷蚂蚁数量至少5 000万头。由于具有如此巨大的种群数量，红火蚁的任何活动都会对人类造成影响。红火蚁对人类可造成直接影响和间接影响，其中一个主要问题是它们对人叮蜇后释放毒液而引起感染。居住在红火蚁入侵的地区，被叮蜇的概率较高，只要在其入侵区进行耕种或进行户外活动，就有被叮蜇的可能。

（2）对动物的危害。红火蚁不仅叮蜇人，而且还叮蜇和伤害宠物、家畜，甚至野生动物，造成多种影响。新生或正孵化的动物无力逃逸，易受到红火蚁叮蜇和危害。受黏液和伤口吸引，年幼动物的眼睛及周围易遭红火蚁叮蜇并变瞎，嘴和鼻子周围被叮蜇则会引起红肿和窒息，红火蚁还会叮蜇动物的肛门和尿道，动物伤口易受红火蚁攻击并加重伤势。被圈养的动物由于不能逃逸，易受到红火蚁的严重威胁，其处境与新生的动物一样危险。

（3）对植物和作物收获的影响。由于红火蚁能取食种子和直接为害植物，因此它们对作物甚至家庭园林产生了严重的影响。它们不仅毁坏植物种子，而且通过钻蛀根和茎杀死植物，通过环剥幼小苗木的不同部位造成其他危害。它们钻蛀水果和蔬菜而降低其品质，咬食幼果引起畸形。红火蚁还可以照顾和保护同翅目昆虫，助长了植物病害的传播。此外，它们还通过捕食有益生物而影响了生物防治的效果。

（4）对公共设备和基础设施的危害。在干旱季节，红火蚁会进入喷淋系统管道，阻塞水流和喷淋出口。此外，红火蚁还会增大滴灌管道的出水孔，并在水管上咬出许多孔洞。在洪水来临时，巢中的红火蚁能浮出地面，形成大型蚁筏并随水漂流，在到达陆地或进入船只后，该蚁筏能寻找地势较高的地方着陆，这往往会阻碍对洪水受害者的抢救。

田间调查与监测

（5）对娱乐和旅游业的危害。红火蚁降低了公园和娱乐场所的利用率，并影响旅游业。由于人类在活动过程中如徒步旅行沿途、宿营地和野餐区可能随处丢弃多余食物，导致这些地方的红火蚁的数量越来越多，人与红火蚁接触概率也越频繁。红火蚁的存在还影响猎人和渔民，在干旱期的水塘边钓鱼几乎是不可能的。猎人不仅要克服野生动物日益减少的问题，而且还要避免在盲目寻找猎物过程中遭受红火蚁叮蜇。用于运动场所的草地在遭受红火蚁入侵后使用率明显降低。

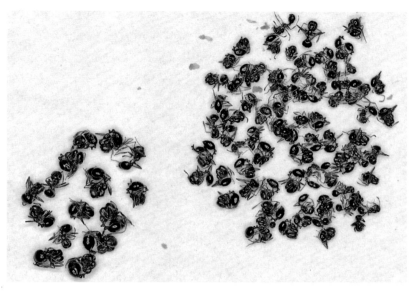

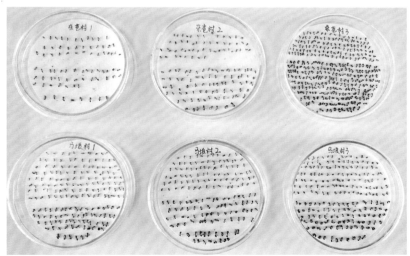

室内分类和计数

4. 生活习性

红火蚁属完全变态昆虫，一生要经过卵、幼虫、蛹、成虫4个阶段。

一般卵的历期是7～14d，建立新巢时蚁后产的第1批卵历期较以后产的卵的历期要短。幼虫历期一般为6～15d，有4个龄期，蛹的历期为9～15d。小型工蚁从卵发育为成虫一般需20～45d，大型工蚁（兵蚁）需30～60d，繁殖蚁需180d。一般体型越大，发育所需时间越长。个体较小的工蚁的寿命在30～60d，中型个体工蚁的寿命相对小型工蚁来说会长一些，一般为60～90d，而体型较大的工蚁（兵蚁）的寿命则在90d以上，最长可以达到180d，红火蚁群体中的蚁后的寿命是最长的，一般在2～6年，个别蚁后的寿命还可达到7年甚至更长。

（1）取食习性。红火蚁是杂食性的，但其大部分食物是被其叮蜇和杀死的无脊椎动物。红火蚁取食死的动物、植物组织、种子、发育中和已成熟的果实，还喜好蜜露和汁液，因此它们是高效的清道夫。这些食物能吸引红火蚁前来取食是由于溶液中含有糖分、某些氨基酸和离子，还由于食物的油中含有多不饱和脂肪酸。红火蚁的工蚁只取食液体食物，因此其搬回蚁巢的半数食物是液态状的。油类食物通常被储存在觅食蚁的嗉囊和后咽腺中，而水溶性的液体只储存在嗉囊里。觅食蚁通过交哺将液体食物饲喂给其他工蚁，获得食物的工蚁返回蚁巢，立即将液体食物中的油类慢慢地传送给育幼蚁，然后由育幼蚁再传给幼虫。溶液中糖分、可溶性蛋白质及氨基酸混合物同样对工蚁具较强的吸引力。糖分和氨基酸溶液能引起工蚁间的多次交哺，但多次交哺不仅稀释了溶液，而且降低了营养物质转移到幼虫的速度。工蚁的咽部能过滤大于0.88μm的非溶性食物颗粒，并将其累积在口腔中，最后排出体外。4龄幼虫能取食45μm的食物颗粒，而且可粉碎较大的颗粒，甚至口外消化蛋白质，因此工蚁排到体外的食物颗粒以及大块固体食物的碎片可以直接用来喂饲4龄幼虫。由于固体食物被直接饲喂给4龄幼虫，因此与真正的液体食物相比，固体食物能被更快、更直接地从野外转移给4龄幼虫。

（2）繁殖。在春季，蚁后可利用的食物增加，其繁殖量也增加，所产下部分未受精卵发育成雄性蚁。受精卵既可发育成工蚁又可发育成雌性繁殖蚁（潜在的蚁后），因此红火蚁巢中所有工蚁都是雌性。但由于卵巢不发育，工蚁不能进行生育。受精卵发育成工蚁还是雌性繁殖蚁取决于它在1龄幼虫时所得到的照料，这涉及营养和保幼激素两个方面。然而，现在还不清楚是因为幼虫被喂饲了更多、更高质量的食物，从而促进了其保幼激素水平的增加；还是因为幼虫受到保幼激素的处理或受到刺激后自身释放保幼激素，导致行为或生理上产生变化，当工蚁觉察到这些变化后给幼虫喂饲更多、更高质的食物。不管是哪种情况，营养和保幼激素这两种因子将共同作用促使繁殖蚁的产生，而有性繁殖蚁的主要生长期在4龄幼虫阶段。

5. 防治措施

（1）化学防治。两阶段处理法是针对红火蚁的生物特性开发的，是目前各国针对红火蚁所采取的最有效防除法。第1阶段采用饵剂处理，是将灭蚁饵剂撒在蚁丘周围让工蚁搬入蚁丘内部，以达到灭除蚁后的目的；第2阶段为个别蚁丘处理，是使用接触型杀虫剂等化学药剂或沸水、清洁剂等非药剂处理方式，来灭除活动中的工蚁、雄蚁，甚至是蚁巢内的蚁后。第1阶段先以撒布饵剂诱杀，7~10d后利用触杀型药剂进行第2阶段处理。澳大利亚采用此法处理两季后，其境内98%的处理区未再发现红火蚁，效果优良。

①第一阶段处理：饵剂中所使用的药剂大约可以分为两类，第1类为化学药剂（毒剂），第2类为昆虫生长调节剂。一般研究调查显示不管饵剂使用哪种药剂类型，所获得的防治效果都只能防除85%~95%的红火蚁族群，明显的差异在于蚂蚁族群数量开始减少的时间点与减少速度。一般而言，生长调节剂的防效比较慢，但却能比较有效地控制红火蚁扩散。撒布灭蚁饵剂最低有效的制剂量约1kg/4 000m²。饵剂撒布后，由工蚁带入蚁丘内，经由食物交换过程散布给族群内的蚁群，最终目的是将饵剂中灭蚁成分转积于蚁后体内，以破坏其生育能力来灭绝蚁群。因此，饵剂有效与否的关键在于杀虫成分能否顺利传达蚁后体中。灭蚁饵剂虽然昂贵，但却能有效降低红火蚁密度进而根除，仍应采用饵剂进行防治。美国、澳大利亚使用的饵剂有氟虫腈（fipronil）、吡丙醚（pyriproxyfen）、多杀霉素（spinosad）、氟蚁腙（hydramethylnon）、苯氧威（fenoxycarb）、阿维菌素（abamectin）、烯虫酯（methoprene）等。

②第2阶段处理：饵剂撒布后7~10d，采用药剂防治法或非药剂防治

法针对蚁丘逐一处理。当采用包括粉剂、颗粒剂撒布、浇灌、乳油（稀释后）等触杀型杀虫剂时，必须注意药剂是否能和蚁体直接接触，以确保灭蚁的有效性。粉剂（DP），施用时将粉剂按照推荐用量均匀撒布在蚁丘上，爬过的红火蚁会将粉剂附着运入蚁丘内。处置得当时，几天内可消灭整个蚁丘内的族群。美国、澳大利亚等国使用的药剂有乙酰甲胺磷（acephate）、溴氰菊酯（deltamethrin）、氟氯氰菊酯（cyfluthrin）。颗粒剂（GR），将颗粒剂撒布在蚁丘上及其周围，之后均匀洒水，每个蚁丘洒4~8L水，使土壤水分呈现饱和状态。该法要注意洒水时动作要轻，避免冲掉颗粒剂或搅动蚁丘；洒水量要足，否则无法灭除蚁丘内部的红火蚁。

（2）生物防治。

①寄生真菌：小芽孢真菌会通过受感染的工蚁，传染给蚁后，遭感染的蚁后体重将会大幅度降低、产卵量减少，最后导致整个蚁巢渐渐衰弱。小芽孢真菌也能经由工蚁将真菌传染给蚁后幼虫，成熟后的蚁后仍会受到感染，蚁巢会在9~18个月内被灭绝，在处理3个月后蚁巢便会明显地变小。

②寄生蚤蝇：红火蚁寄生性蚤蝇会将卵寄生在红火蚁工蚁的身体，卵孵化后幼虫会在红火蚁的头部取食，最后工蚁将会死亡，寄生性蚤蝇幼虫在红火蚁头部化蛹4周后羽化为成虫。寄生蚤蝇会严重影响并瓦解红火蚁族群的觅食行为。研究报告指出红火蚁寄生蚤蝇具有明显的专一性，仅寄生红火蚁。另外红火蚁寄生蚤蝇容易利用红火蚁大量饲养。

（3）非药剂防治。

①沸水处理：可将沸水直接灌入蚁丘，每个蚁丘至少要使用5~6L的沸水，沸水必须灌注达蚁丘所有区域，其防除效果近60%。1次处理成功率较低，必须连续处理多次，但很容易再发生。

②水淹法（清洁剂处理法）：水淹法可以淹死蚂蚁，但要成功治理蚁丘的比例非常低。有效利用水淹法是需将蚁巢挖掘出来，将整个蚁巢放入15~20L盛满含清洁剂的桶，放置24h以上。注意，在挖掘蚁丘时会遭受许多红火蚁的攻击，切勿将蚁巢打翻。因此在处理蚁巢前应戴手套，或配合杀虫剂处理，避免红火蚁爬出叮咬。缺点是无法处理为害面积较大的地区。

五、斜纹夜蛾

1. 分类地位

斜纹夜蛾［*Spodoptera litura*（Fabricius）］，属于鳞翅目（Lepidoptera），夜蛾科（Noctuidae）。

2. 鉴别特征

成虫体灰褐色，翅展33～42mm，前翅颜色、斑纹有变化，黄褐色至灰黑色，前缘近中部至后缘具1条较宽的灰白色斜纹，雄虫常常更粗大；前翅常有水红色至紫红色闪光。后翅白色，翅脉灰棕色，前缘及外缘略呈烟色。

成虫

幼虫有6龄，不同条件下可减少1龄或增加1～2龄。1龄幼虫体长达2.5mm，体表常淡黄绿色，头及前胸盾黑色，并具暗褐色毛瘤，第1腹节两侧具锈褐色毛瘤。2龄幼虫体长可达8mm，头及前胸盾颜色变浅，第1腹节两侧的锈褐色毛瘤变得更明显。3龄幼虫体长9～20mm，第1腹节两侧的黑斑变大，甚至相连。4～6龄幼虫形态相近，头部黑褐色，胸部多变，从土黄色到黑绿色都有，体表散生小白点。6龄幼虫体长38～51mm，体色多变，常常因寄主、虫口密度等而不同。头部红棕色至黑褐色，中央可见"V"形浅色纹。中、后胸亚背线上各具1个小块黄白斑，中胸至腹部第9腹节在亚背线上各具1个三角形黑斑，其中以腹部第1腹节和第8腹节的黑斑为最大，其余黑斑及第8腹节黑斑可减退或消失。

幼虫

卵扁球形，约0.45mm（宽）×0.35mm（高），卵表面具网状隆脊（纵脊40条以上）。初产淡绿色，孵化前呈紫黑色。雌虫产卵成堆，叠成3～4层，表面覆盖1层灰黄色鳞毛。

卵

蛹体长15～20mm，红褐色至暗褐色；腹部第4～7节背面前缘及第5～7节腹面前缘密布圆形小刻点；气门黑褐色，呈椭圆形，明显隆起；腹末有1对臀刺，基部较粗，向端部逐渐变细。化蛹在茧内，为较薄的丝状茧，其外粘有土粒等。

3. 为害症状

斜纹夜蛾初孵幼虫在叶片背面群集啃食叶肉，残留上表皮及叶脉，在叶片上形成不规则的透明斑，呈网纹状。幼虫有假死性，受到惊扰后，会四散爬离，或吐丝下坠落地。3龄后分散蚕食植物叶片、嫩茎，造成叶片缺刻、孔洞，残缺不堪，甚至将植株吃成光秆，也可取食花蕾、花等。5龄幼虫以后食量骤增，是暴食阶段，5龄和6龄的食量占整个幼虫的88%以上，对甘薯叶和空心菜叶的取食量均超80%。在甘蓝、大白菜等蔬菜上，幼虫还可钻入叶球，取食心叶，或蛀食茄果类的果实，且排泄的粪便可引起植株腐烂。发生量大时，幼虫可持续性为害。在莲藕上为害的幼虫可游水至陆地继续为害或化蛹。

为害症状

4. 生活习性

斜纹夜蛾是一种喜温性而又耐高温的害虫，其成虫及各龄幼虫的发育适温为25～30℃。在温度适宜时，卵期为3～3.5d，幼虫期12～15d，蛹期9～10d，成虫期3.5～5d，世代周期27～34d。但在海南夏季33～40℃的高温期间，由于红掌种植密度大，环境荫蔽，斜纹夜蛾幼虫在白天高温或暴雨时段可隐藏在红掌松软的基质里和叶背，而夜晚温度下降或雨停时则是幼虫活动和觅食的良好环境，这让斜纹夜蛾在红掌地中也能正常生存。所以在海南，斜纹夜蛾一年四季均有发生，根据气温的不同，每30～60d就可进行1次世代交替，1年可发生8代，可几代重叠，因其繁殖能力强，具有少量虫源即可大量暴发。在海南，斜纹夜蛾活跃季节为5—10月，11月至翌年1月较少。

5. 防治措施

（1）农业防治。蔬菜种植要合理布局，抑制虫源，尽量避免与斜纹夜蛾嗜好作物（如十字花科）连作。结合田间农事操作，人工摘除卵块及群集的幼虫。

（2）物理防治。利用成虫的趋光性和趋化性，在成虫发生期，用灯光（杀虫灯、黑光灯等）和糖醋液（糖：醋：水=3：1：6，加少量90%晶体敌百虫）诱杀，或者在糖醋液的盆上加挂性诱剂诱杀，效果显著。

（3）生物防治。保护田间众多的自然天敌，或释放天敌，如幼虫期的蝎蝽（*Arma chinensis*），卵期的夜蛾黑卵蜂（*Telenomus remus*）等；用200亿PIB/g斜纹夜蛾核型多角体病毒水分散颗粒剂12 000~15 000倍液喷雾防治幼虫（最好3龄前幼虫，宜晴天的早晚或阴天喷雾）；水盆（或糖醋液盆）上悬挂斜纹夜蛾性诱剂诱杀雄蛾。

（4）化学防治。可用5%虱螨脲乳油1 000~1 500倍液、5%氟啶脲乳油2 000倍液、20%除虫脲乳油2 000倍液或2.5%高效氯氟氰菊酯乳油2 000~3 000倍液喷雾防治幼虫，且在3龄幼虫之前防治效果最佳。使用时须严格按照农药的说明执行。

六、蓟马

蓟马是缨翅目昆虫的统称，可在多种植物上为害，这里列举部分海南常见的蓟马种类。

1. 分类地位

棕榈蓟马（*Thrips palmi* Karny），属缨翅目（Thysanoptera），蓟马科（Thripida），蓟马属（*Thrips*）。

普通大蓟马［*Megalurothrips usitatus*（Bagnall）］，属缨翅目（Thysanoptera），蓟马科（Thripidae），大蓟马属（*Megalurothrips*）。

黄胸蓟马［*Thrips hawaiiensis*（Morgan）］，属缨翅目（Thysanoptera），蓟马科（Thripida），蓟马属（*Thrips*）。

茶黄硬蓟马（*Scirtothrips dorsalis* Hood），属缨翅目（Thysanoptera），蓟马科（Thripida），硬蓟马属（*Scirtothrips*）。

2. 鉴别特征

（1）棕榈蓟马。雌成虫体色呈金黄色，头近方形，3只单眼呈三角形排列，单眼间鬃位于单眼间连线外缘；触角共7节，第3节与第4节上有明显的叉状感觉锥，前胸后缘鬃有6根，中央2根较其余4根稍长。后胸盾片具1对钟形感觉器，腹节末端具完整后缘梳。翅着生有细长缘毛，前翅10根上脉鬃，11根下脉鬃。

卵具有呈白色针点状的初产卵痕，初产卵为白色透明状的长椭圆形卵粒，0.2mm左右；卵孵化后，卵痕呈现黄褐色。

若虫、伪蛹，棕榈蓟马属过渐变态昆虫，初孵若虫呈白色，复眼红色；1～2龄若虫淡黄色，无单眼；3龄若虫（预蛹），体淡黄白色，触角向前伸展；4龄若虫又称蛹，体黄色，3只单眼，触角沿身体向后伸展。

棕榈蓟马卵（孵化后）

棕榈蓟马幼虫

棕榈蓟马成虫

（2）普通大蓟马。主要以雌虫形态来鉴定，雌成虫体长约1.6mm，虫体棕色到褐色，褐色触角念珠状略向前延伸，触角8节，第3~4节端部收缩为颈状，各具一长叉状感觉锥；具复眼和单眼，单眼间鬃很长，位于前后单眼外侧连线上，单眼后鬃短小；口器锉吸式，跗节、前足胫节大部分以及中、后足胫节端部为黄色；狭窄的翅周缘着生细长缨毛，前翅近基部1/4处及近端部无色，中部和端部褐色。头略宽于长，两颊近平行。前胸背板前角鬃发达，后缘鬃3对，中间1对最长，前胸背板后缘角各具1对长鬃。

普通大蓟马成虫

（3）黄胸蓟马。体长1.2mm。胸部橙黄色，腹部黑褐色。触角7节，褐色，第3节黄色，前胸背板前角有短粗鬃1对，后角2对。前翅灰色，有时基部稍淡，前翅上脉基鬃4+3根，端鬃3根，下脉鬃15~16根，足色淡于体色。腹部腹板具附鬃。第5~8节两侧有微弯梳，第8节背板后缘梳两侧退化。雄虫多为黄色，体较雌虫略小。卵淡黄色，肾形，细小。

若虫体型与成虫相似，但体较小，色淡褐，无翅，眼较退化，触角节数较少。

黄胸蓟马成虫

（4）茶黄硬蓟马。成虫，雌虫体长0.9mm，体橙黄色。触角8节，暗黄色，第1节灰白色，第2节与体色同，第3~5节的基部常淡于体色，第3节和第4节上有锥叉状感觉圈，第4节和第5节基部均具1细小环纹。复眼暗红色。前翅橙黄色，近基部有1小淡黄色区；前翅窄，前缘鬃24根，前脉鬃基部4+3根，端鬃3根，其中部1根，端部2根，后脉鬃2根。腹部背片第2~8节有暗前脊，但第3~7节仅两侧存在，前中部约1/3暗褐色。腹片第4~7节前缘有深色横线。头宽约为长的2倍，短于前胸；前缘两触角间延伸，后大半部有细横纹；两颊在复眼后略收缩；头鬃均短小，前单眼之前有鬃2对，其中1对在正前方，另1对在前两侧；单眼间鬃位于两后单眼前内侧的3个单眼内线连线之内。

卵，肾形，长约0.2mm，初期乳白，半透明，后变淡黄色。

若虫，初孵若虫白色透明，复眼红色，触角粗短，以第3节最大。头、胸约占体长的一半，胸宽于腹部。2龄若虫体长0.5~0.8mm，淡黄色，触角第1节淡黄色，其余暗灰色，中后胸与腹部等宽，头、胸长度略短于腹部长度。3龄若虫（前蛹）黄色，复眼灰黑色，触角第1~2节大，第3节小，第4~8节渐尖。翅芽白色透明，伸达第3腹节。4龄若虫（蛹）黄色，复眼前半红色，后半部黑褐色。触角倒贴于头及前胸背面。翅芽伸达第4腹节（前期）至第8腹节（后期）。

茶黄硬蓟马成虫

3. 为害症状

成、若虫多在嫩叶背锉吸汁液为害。植物受害后，叶面、花瓣出现灰白色长形的失绿点，严重时可导致叶片干枯、花器早落。蓟马具有趋嫩习性，新梢叶片受害后叶缘卷曲不能伸展，呈褶皱纹状，叶脉淡黄绿色，叶肉出现黄色挫伤点，很像病毒引起的花叶状，最后被害叶变黄、变脆、易脱落。新梢顶芽受害后，生长点受抑制，出现枝叶丛生现象或顶芽萎缩。同时还可传播病毒病。

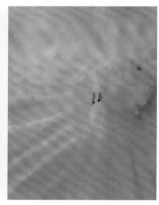

棕榈蓟马为害症状

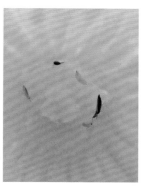

普通大蓟马为害症状

黄胸蓟马为害症状

4.生活习性

蓟马的生活周期包括卵、若虫、预蛹、蛹、成虫5个虫态。成虫将卵分散产于植株幼嫩组织；1～2龄若虫行动敏捷，植株幼嫩组织是其最爱取食的部位；3龄若虫（预蛹）不再进行取食，并在地下3～5cm的土层内化蛹；4龄若虫（蛹）不食不动，在土层度过蛹期；成虫羽化后向地上爬行，通常在花内、内膛叶片等部位活动。

蓟马喜温暖、干旱，其适温为23～28℃，适宜空气湿度为40%～70%；湿度过大不能存活，当湿度达到100%，温度达31℃时，若虫全部死亡。如遇连阴多雨，作物叶腋间积水，能导致若虫死亡。一年四季均有发生。发生高峰期在秋季或入冬的11—12月，3—5月则是第2个高峰期。繁殖快，世代交替：雌成虫寿命8～10d，卵期在5—6月，一般为6～7d。若虫在叶背取食，到高龄末期停止取食，落入表土化蛹。成虫极活跃，善飞能跳，可借自然力迁移扩散。成虫怕强光，多在背光、隐蔽场所集中为害，如叶腋、叶背、花内等，阴天、早晨、傍晚和夜间才在寄主表面活动。

5.防治措施

（1）农业防治。选育抗蓟马的寄主植物，培育健壮植株以提高植株的抗逆性，恶化蓟马生存环境，清除田间病株杂草等措施均能有效降低蓟马的为害。同时根据部分蓟马的入土化蛹习性，使用地膜覆盖法阻断蓟马入土化蛹。此外，早期害虫预警也是重要的防控措施，蓟马会携带番茄斑萎病毒，取食矮牵牛后，会在几天内表现出番茄斑萎病症状，据此可以种植指示植物来进行预警。

（2）生物防治。利用捕食性天敌（南方小花蝽、东亚小花蝽）、寄生蜂（赤眼蜂）、线虫（斯氏线虫、异小杆线虫）、病原微生物（球孢白僵菌、绿僵菌、蜡蚧轮枝菌）等防治蓟马。

（3）物理防治。利用其对温度的适应性，多次通风降低温室内温度可使该虫死亡。也可采取夜晚悬挂诱捕灯，白天放置蓝色粘虫板等措施来进行捕杀，在诱捕时适当增加引诱剂，同时还可适当种植诱虫植物来诱杀。

（4）化学防治。常用药剂如吡虫啉、啶虫脒、噻虫嗪、甲维盐、阿维菌素、高效氯氟氰菊酯等。每隔5~7d喷施1次，连喷3次可获得良好防治效果。一般建议下午用药；蓟马隐蔽性强，药剂选择内吸性或者添加有机硅助剂，而且尽量选择持效期长的药剂；条件允许，建议采用药剂熏棚和叶面喷雾相结合的方法。在化学防治蓟马时，应适时、精准用药并综合运用多种防治措施。合理轮用或化学药剂混用可有效降低药剂选择压力并延缓害虫抗药性发展。

七、棉铃虫

1. 分类地位

棉铃虫[*Helicoverpa armigera*（Hübner）]，属于鳞翅目（Lepidoptera），夜蛾科（Noctuidae），铃夜蛾属（*Helicoverpa*）。

2. 鉴别特征

成虫体长15~20mm，翅展27~38mm。雌蛾前翅赤褐色，雄蛾多为灰褐色或青灰色。内横线不明显，中横线很斜，末端达翅后缘位于环状纹的正下方；亚外缘线波形幅度较小，与外横线之间呈褐色宽带，带内有清晰的白点8个；外缘有7个红褐色小点排列于翅脉间；肾状纹和环状纹暗褐色，雄蛾的较明显。后翅灰白色，翅展褐色，中室末端有1条褐色斜纹，外缘有1条茶褐色宽带纹，带纹中有2个牙形白斑。雄蛾腹末抱握器毛丛呈"一"字形。

卵近半球形，高0.53mm，宽0.46mm，顶部稍隆起。初产卵黄白色，逐渐变为红褐色。

幼虫体长42~46mm，各体节有毛片12个，体色变化较大，初龄幼虫为青灰色，前胸背板为红褐色。老龄幼虫体色变化较大，有绿色、黄绿色、黄褐色、红褐色等，前胸气门前2根刚毛的连线通过气门或与气门下缘相切，气门线为白色。

蛹纺锤形，体长17~20mm，赤褐色，第5~7腹节前缘密布比体色略深的刻点。初蛹为灰褐色、绿褐色，复眼淡红色。近羽化时，呈深褐色，有光泽，复眼褐红色。

幼虫

3. 为害症状

棉铃虫1代幼虫以为害顶尖和嫩叶为主，2~3代幼虫主要为害蕾、花和幼铃。花被害后不能结铃；幼铃被害遇雨容易霉烂脱落，不脱落的形成僵瓣。成虫在夜间羽化，19时至翌日2时羽化最多，占总羽化数的67.2%。日出后大约6时停止飞翔活动，栖息于棉株或者其他植物丛间。雌雄成虫交尾3—5时最多，羽化后2~5d开始产卵。产卵部位以棉花嫩梢和上部叶片正面及蕾铃苞叶为主。成虫飞翔能力较强，主要在夜间活动，对黑灯光有较强趋性，卵散产。在棉株的分布上，以靠近主干第1~2果节最多。其中，第1果节占总卵量的45.86%，第2果节占29.92%，其他果节占24.22%。幼虫卵孵化率为80%以上，初孵幼虫先吃掉卵壳，再食嫩叶、嫩梢或幼蕾及苞叶。然后转移到叶背栖息。翌日转移到中心生长点，3龄以后多钻入蕾铃为害。在蕾期，幼虫通过苞叶或花瓣侵入蕾中取食，被害蕾苞叶张开变为黄绿色而脱落。在花期，幼虫钻入花中食害雄蕊和花柱后，被害花往往不能结铃。在铃期，幼虫从铃基部蛀入。幼虫常随虫龄增长，由上而下从嫩叶到蕾铃依次转移为害。蛹期9～14d，雌虫蛹期短于雄蛹。

为害症状

4. 生活习性

成虫昼伏夜出，晚上活动、觅食和交尾、产卵。成虫有取食补充营养的习性，羽化后吸食花蜜或蚜虫分泌的蜜露。雌成虫有多次交配习性，羽化当晚即可交尾，2～3d后开始产卵，产卵历期6～8d。产卵多在黄昏和夜间进行，喜欢产卵于嫩尖、嫩叶等幼嫩部分。卵散产，第1代卵集中产于棉花顶尖和顶部的3片嫩叶上，第2代卵分散产于蕾、花、铃上。单雌产卵量1 000粒左右，最多达3 000多粒。成虫飞翔力强，对黑光灯，尤其是波长333nm的短光波趋性较强。

初孵幼虫先吃卵壳，后爬行到心叶或叶片背面栖息，第2天集中在生长点或果枝嫩尖处取食嫩叶，但为害状不明显。2龄幼虫除食害嫩叶外，运始取食幼蕾。3龄以上的幼虫具有自相残杀的习性。5～6龄幼虫进入暴食期，每头幼虫一生可取食蕾、花、铃10个左右，多者达18个。幼虫有转株为害习性，转移时间多在9时和17时。老熟幼虫在入土化蛹前数小时停止取食，多从棉株上滚落地面。在原落地处1m范围内寻找较为疏松干燥的土壤钻入化蛹，因此，在棉田畦梁处入土化蛹最多。

5. 防治措施

（1）灭蛹灭卵。棉铃虫的发生针对性较强，茄果类是主要为害对象，当年种植茄果类的地块有大量蛹在土壤里越冬，而其他菜地则相对较少。因此，种植茄果类蔬菜尽量不连作，以减少虫源。如无条件轮作，则在入冬前对菜田进行深翻，以消灭越冬蛹。在翌年定植后，结合田间管理进行锄地灭蛹或培土闷蛹，降低虫口密度。由于95%卵产在植株顶部到第4层复叶之间，可以结合打杈和打顶，进行人工捏杀，科学灭卵，减少棉铃虫虫卵的数量。发现幼虫要及时消灭，摘除虫果并集中深埋，禁止将虫果随意丢弃田中。

（2）物理措施。

①性诱剂诱杀成虫：在棉铃虫的成虫期间，在蔬菜田里摆放棉铃虫性诱盆，投放15盆/hm²，诱芯有效期约20d。诱芯与诱盆内水面的距离应保持在2cm左右，视水量定期加水，同时要在水里加入适量洗衣粉。

②悬挂频振式诱虫灯：在有用电条件的情况下，悬挂频振式诱虫灯，每盏灯可控制空旷地2hm²。

③架设防虫网：不仅能防虫，还有防鸟、防雹、防雾、防病等效果。

（3）生物防治。用细菌类的苏云金杆菌或用病毒类的棉铃虫核型多角体病毒在幼虫期进行防治，效果良好。或应用赤眼蜂防治棉铃虫，在棉铃虫产卵始、盛、末期释放赤眼蜂，每亩*大棚、温室放蜂1.5万头，每次放蜂间隔期为3～5d，连续3～4次，卵寄生率可达80%左右。

（4）化学防治。化学防治一定要按照绿色农产品病虫害防治操作规程，在防治次数和药剂用量上严加控制。要在幼虫蛀果前防治，一旦错过这一防治时机就会导致幼虫蛀入果实，使药剂作用无法发挥，防治效果变差。因此，要与病虫害监测部门紧密联系，以便及时准确地掌握棉铃虫成虫产卵高峰期，在棉铃虫初孵幼虫未蛀果前用药防治效果最好。

八、粉虱

粉虱属同翅目（Homoptera），粉虱科（Aleyrodidae），为害瓜类、茄果类和豆类等蔬菜，约121科898种植物。分布于美洲、夏威夷群岛、欧洲、非洲、亚洲及大洋洲，我国东北、西北、华北、华东等地均有分布。

---

　　*　1亩≈667m²，1hm²=15亩，全书同。

1. 分类地位

白粉虱（*Trialeurodes vaporariorum*），属同翅目（Homoptera），粉虱科（Aleyrodidae）。

烟粉虱［*Bemisia tabaci*（Gennadius）］，属同翅目（Homoptera），粉虱科（Aleyrodidae）。

2. 鉴定特征

（1）白粉虱。成虫体长0.8～1.4mm，淡黄白色至白色。雌、雄均有翅，翅面覆有白色蜡粉，停息时双翅在体上合成屋脊状，翅端半圆状遮住整个腹部，沿翅外缘有1排小颗粒。

卵呈长椭圆形，长径0.2～0.25mm，侧面观长椭圆形，基部有卵柄，从叶背的气孔插入植物组织中；卵产于叶背面，初产时为淡绿色，覆有蜡粉，而后渐变褐色，孵化前呈黑色。

若虫共4龄。1龄若虫体长约0.29mm，长椭圆形，2龄约0.37mm，3龄约0.51mm，淡绿色或黄绿色，足和触角退化，紧贴在叶片上营固着生活，4龄若虫又称伪蛹，体长0.7～0.8mm，椭圆形，初期体扁平，逐渐加厚，中央略高，黄褐色，体背有长短不齐的蜡丝，体侧有刺。被丽蚜小蜂寄生后伪蛹壳成黑色。

白粉虱成虫

（2）烟粉虱。与白粉虱相比，成虫稍小且纤细。翅面覆蜡粉，淡黄白色至白色，前翅脉1条不分叉；左右翅合拢呈屋脊状。

卵多散产于叶片背面，罕见排列成弧形或半圆形，在孵化前颜色呈琥珀色，不变黑。

若虫1～3龄体缘无蜡丝，4龄若虫（伪蛹）颜色为淡绿色或黄色，蛹壳边缘扁薄或自然下陷，无周缘蜡丝，蛹背蜡丝有无常随寄主而不同。被丽蚜小蜂寄生后伪蛹壳成褐色。

烟粉虱成虫

3. 为害症状

白粉虱寄主植物有200余种，如黄瓜、菜豆、茄子、番茄、青椒、甘蓝、甜瓜、西瓜、花椰菜、白菜、油菜、萝卜、莴苣、魔芋、芹菜等各种蔬菜及花卉。白粉虱成虫排泄物不仅影响植株的呼吸，也能引起煤烟病等病害的发生。白粉虱在植株叶背大量分泌蜜露，引起真菌大量繁殖，影响到植物正常呼吸与光合作用，从而降低蔬菜果实质量，影响其商品价值。

烟粉虱寄主非常广泛，甘蓝、花椰菜和芥蓝为重要寄主植物。被害的西葫芦叶片呈现银叶反应，果实表现为不均匀成熟；番茄果实着色不匀；青花菜出现白茎等。可持久性在30多种作物上传播50余种病毒，引起番茄坏死矮化、菜豆矮化花叶、黄瓜脉黄化等18种蔬菜病毒病，为害重。

4. 生活习性

成虫有明显的趋嫩性，对黄色有强烈趋性，但忌白色、银白色，不善于飞翔。成虫喜群集于植株上部嫩叶背面并在嫩叶上产卵，卵柄从气孔插入叶片组织中，与寄主植物保持水分平衡，极不易脱落。繁殖力强、速度快，平均每雌产卵143粒，卵期在24℃时为7d。若虫孵化后3d内在叶背可做短距离游走，当口器插入叶组织后就失去了爬行的机能，开始营固着生活。温室白粉虱繁殖的适温为18～21℃，忍耐温度为33～35℃。在生产温室条件下，约1个月完成1代。在24℃时，各龄若虫发育历期为1龄5d，2龄2d，3龄3d，伪蛹8d。盛发期较早，一般为7—8月。而烟粉虱盛发期在8—9月，9月底开始陆续迁入温室为害，可忍耐40℃高温。

5. 防治措施

（1）农业防治。

①清除虫源：移栽蔬菜之前清理温室内外的杂草，残枝败叶集中烧毁。生长过程中及时摘除病虫枝叶，边摘边放进袋子，并及时带出温室销毁，消灭虫源。

②轮作倒茬：如果前茬栽植茄科蔬菜，后茬可栽植十字花科蔬菜，最好不要混栽。

③培育无虫苗：育苗前彻底熏杀棚内残余虫口，育苗棚与蔬菜生产棚分开。

④加强栽培管理：播种过早导致发病严重，不能过早播种，应注意适时播种和移栽；改善群体结构，用宽窄行方式移栽，以改善通风透光条件；加强水肥管理，重施基苗肥，避免花期过量施氮肥。

（2）化学防治。黄瓜、番茄生长早期，大棚内烟粉虱初现时，每亩可选用33.3～40mL 10%溴氰虫酰胺可分散油悬浮剂喷雾防治，重发时隔7d再喷施1次，安全间隔期3d；或每亩选用30～40mL 22%螺虫·噻虫啉悬浮剂喷雾防治，安全间隔期3d；也可每亩选用30～400g的3%高效氯氰菊酯烟雾剂熏烟。以上药剂交替轮换使用可加强防治效果，喷药适宜时间是在9时前或18时以后。喷药要全面，尤其是叶子背面。在温室蔬菜移栽前，为彻底消灭残余虫口，用药剂（22%灭蚜灵烟雾剂、敌敌畏）熏棚。

（3）物理防治。粉虱对黄色，特别是橙黄色有强烈的趋性，可在温室大棚内设置黄板诱杀成虫，同时可使用防虫网用白色尼龙纱封闭通风口和入口，杜绝外来虫源入侵。除此之外，还可高温闷棚，温室内蔬菜采收完后，夏季扣棚使室内温度达40℃以上，白粉虱就会被高温杀死。

（4）生物防治。在温室大棚内释放丽蚜小蜂、瓢虫等天敌，达到"以虫治虫"的目的。

九、蚜虫

蚜虫属同翅目昆虫，俗称油虫、蜜虫、腻虫等。到目前为止，全世界已知蚜虫近4 000种，蚜虫是重要的农作物害虫，海南地区环境特殊，蚜虫种类复杂，以下列举为害最为严重的几种。

1. 分类地位

桃蚜（*Myzus persicae*），亦称菠菜蚜，半翅目（Hemiptera），蚜科（Aphididae），瘤蚜属（*Myzus*）。生活史有两个宿主，夏季雌虫营孤雌生殖，秋季产雌蚜虫和雄蚜虫。传播多种植物花叶病。

棉蚜（*Aphis gossypii* Glover），绿至黑色。在暖和地区终年产生幼虫，在凉爽地区产卵。为害甜瓜、棉花、黄瓜、西瓜等10余种作物。常以寄生天敌和掠食性天敌防治。

菜蚜［*Lipaphis erysimi*（Kaltenbach）］，俗称萝卜蚜，寄主为白菜、油菜、萝卜、芥菜、青菜、菜薹、甘蓝、花椰菜、芜菁等十字花科蔬菜，偏嗜白菜及芥菜型油菜。

甘蔗绵蚜［*Ceratovacuna lanigera*（Zehntner）］，又名甘蔗粉蚜、粉角蚜，主要为害甘蔗。

玉米蚜［*Rhopalosiphum maidis*（Fitch）］，蚜科（Aphididae），缢管蚜属（*Rhopalosiphum*），可为害玉米、水稻及多种禾本科杂草。

香蕉交脉蚜（*Pentalonia nigronervosa*），又称黑蚜，多为害香蕉属植物、姜、木瓜。

豇豆蚜虫（*Aphis craccivora*），又名花生蚜、苜蓿蚜，多为害豆科蔬菜。

2. 鉴别特征

（1）桃蚜。体卵圆形，中额瘤微隆起，显著内倾，触角6节，无翅孤雌蚜和有翅孤雌蚜大小相近，体长2.0～2.2mm，体宽0.9～1.0mm。无翅孤雌蚜体色有绿、淡黄绿、黄绿、紫褐、橘红等色，具光泽；触角灰黑色，为体长的4/5，第6节鞭部长为基部的3.5倍；腹管灰绿色，端部黑色，圆筒形向端部渐细，有瓦纹；尾片与体同色，圆锥形，近端部收缩，上生曲毛6～7根。有翅孤雌蚜，头胸黑色，腹部淡绿色、橘红色，腹部的横带斑纹和气门片灰黑色至黑色；触角稍短于体长，第6节鞭部长为基部的3.5倍，第3节有感觉圈9～11个，在外缘单行排列，分布于全长；腹管黑色，圆筒形，为体长的2/5；尾片圆锥形，黑色，上生曲毛6根。

（2）棉蚜。体卵圆形，中额瘤隆起、不显著，触角6节。无翅孤雌蚜体长1.7～2.0mm，体宽0.9～1.1mm；体色变化大，呈黑色、深绿色、蓝黑色、黄绿色或黄色；触角约为体长的2/3。第1、2、6节及第5节端部1/3灰黑色至黑色，第6节鞭部长约为基部的2倍；腹管灰黑色，长圆筒形，有瓦纹；尾片圆锥形，近中部缢缩，上生曲毛4～5根。有翅孤雌蚜体长1.8～2.1mm，体宽0.6～0.7mm；头胸黑色，腹部深绿色、草绿色及黄色；触角黑色，比体短，第6节鞭部长为基部的2.5倍，第3节有圆形感觉圈5～8个，排成一列；腹管短，仅为体长的1/10；尾片短于腹部一半，有曲毛4～7根。

（3）菜蚜。额瘤微隆外倾，中额瘤明显隆起；触角6节；腹管长圆筒形，淡黑色，上具瓦纹，近末端收缩成瓶颈状；尾片圆锥形，上有横纹，上生曲毛4～6根。体长2.2～2.4mm，体宽1.2～1.3mm；体卵圆形，体色呈灰绿色、黄绿色或橄榄色；两侧具黑斑，第1～2腹节和腹管后各节，背面有一明显横纹；触角为体长的3/4，第3节有感觉圈16～26个，第4节有2～6个，第5节有1～4个。

（4）甘蔗绵蚜。无翅胎生雌蚜体长1.9mm，卵圆形，黄褐色至暗绿色或灰褐至橙黄色，体色变化大，头、胸、腹紧连在一起，前边具2个小角状突，体背覆有白色棉絮状蜡质；触角5节，短，浅黄色。有翅胎生雌蚜体长2.5mm，长椭圆形，头部、胸部黑褐色；腹部、足为黄褐色至暗绿色；翅透明，前翅前缘脉和亚前缘脉之间具1灰黑色翅痣；触角5节，仅是体长的1/4，第1～2节短且光滑；前胸背板中央具四角形大胸瘤；腹管环形，体表不覆蜡粉。有翅若蚜胸部裸露，中间发达，两侧露有翅芽，腹背有白色蜡物，触角4～5节。无翅若蚜胸腹部背面均被有白色蜡物，触角4节，共4龄。

（5）玉米蚜。无翅孤雌蚜长卵形，体长1.8～2.2mm，活虫深绿色，披薄白粉，附肢黑色，复眼红褐色，腹部第7节毛片黑色，第8节具背中横带，体表有网纹，触角、喙、足、腹管、尾片黑色，触角6节，长短于体长1/3；喙粗短，不达中足基节，端节为基宽1.7倍；腹管长圆筒形，端部收缩，腹管具覆瓦状纹；尾片圆锥状，具毛4～5根。有翅孤雌蚜长卵形，体长1.6～1.8mm，头、胸黑色发亮，腹部黄红色至深绿色，腹管前各节有暗色侧斑；触角6节比身体短，长度为体长的1/3，触角、喙、足、腹节间、腹管及尾片黑色；腹部第2～4节各具1对大型缘斑，第6～7节上有背中横带，第8节背中横带贯通全节。其他特征与无翅型相似。卵椭圆形。

玉米蚜成虫

（6）香蕉交脉蚜。香蕉交脉蚜有翅蚜体长13～18mm，身体深棕色，复眼红棕色，触角、腹管和足的腿节、胫节的前端，呈暗红色。头部明显长有角瘤，触角6节，并在触角上有若干个圆形的感觉孔，腹管圆筒形，前翅大于后翅。孤雌生殖，卵胎生。幼虫要经过4个龄期以后才变成有翅或无翅成虫。

香蕉交脉蚜成虫

3. 为害症状

棉蚜即瓜蚜，在海南地区主要为害西瓜等作物，不仅以成虫、若虫刺吸西瓜叶片背面或嫩尖组织汁液，导致受害叶片卷缩、植物生长受抑制甚至整株死亡，还会传播病毒病，使染病植株早衰早枯，结瓜期缩短。

菜蚜对蔬菜的为害：在蔬菜叶背或留种株的嫩梢嫩叶上为害，造成节间变短、弯曲，幼叶向下畸形卷缩，使植株矮小，影响包心或结球，造成减产；留种菜受害不能正常抽薹、开花和结籽。同时传播病毒病，造成的为害远远大于蚜害本身。

甘蔗绵蚜对甘蔗的为害：主要是甘蔗叶片，群集于甘蔗叶片背部中脉两旁，以刺吸式口器插入叶片吸食汁液，直接破坏叶部组织，使蔗叶枯黄凋萎，同时排泄蜜露于蔗叶上，导致霉烟病发生，降低光合作用，其蜜露还会招致其他虫蚁取食，把瓢虫等天敌驱走，加重蚜害。受害重的蔗田甘蔗生长萎缩，引起产量降低，糖分减少，留作种苗萌芽率低。

玉米蚜在玉米苗期群集在心叶内，刺吸为害。随着植株生长集中在新生的叶片为害。孕穗期多密集在剑叶内和叶鞘上为害。边吸取玉米汁液，边排泄大量蜜露，覆盖在叶面上的蜜露影响光合作用，易引起霉菌寄生，被害植株长势衰弱，发育不良，产量下降。

玉米蚜为害症状

香蕉交脉蚜主要靠风和调运带虫蕉苗进行远距离传播，近距离传播则通过爬行或随吸芽、土壤、工具及人工传播。发生初期虫群较少，此时多集中在寄主的下部为害，随着虫口数量的增加，群体增大逐步向上部扩大为害，一般在心叶茎部和嫩叶阴暗处集中为害，除影响植株生长发育之外，特别是当它吸食病蕉汁液后，能传播香蕉束顶病和香蕉花叶心腐病，所以是一种为害性大的昆虫。

香蕉交脉蚜为害症状

豇豆蚜虫以成虫和若虫群集于叶背和嫩茎处吸食汁液，使叶片卷缩变黄，植株生长不良，影响开花结荚，严重发生时可导致植株死亡。另外，蚜虫还可传播病毒病，致使病毒病蔓延，影响作物的产量和质量。

4. 生活习性

桃蚜在南方亚热带和热带地区可周年繁殖，无明显越冬现象，一年发生10~30代，以卵在受害枝梢、芽腋、枝条缝隙中越冬。翌春树芽萌发到开花期，卵开始孵化，群集嫩芽上吸食为害，随后开始孤雌胎生繁殖，新梢嫩芽展开后，群集于叶背为害，使叶向叶背卷缩。排泄的黏液，诱发煤烟病，影响新梢生长，引起落叶。繁殖几代后，虫量剧增，为害严重。

玉米蚜年可发生10~20代，在海南无明显越冬现象。4月底5月初向玉米、高粱迁移。玉米抽雄前，一直群集于心叶里繁殖为害，抽雄后扩散至雄穗、雌穗上繁殖为害，扬花期是玉米蚜繁殖为害的最有利时期，故防治适期应在玉米抽雄前。适温高湿，即旬平均气温23℃左右，相对湿度85%以上，玉米正值抽雄扬花期时，最适于玉米蚜的增殖为害，而暴风雨对玉米蚜有较大控制作用。杂草较重发生的田块，玉米蚜也偏重发生。

甘蔗绵蚜在海南蔗区一年生20多代，完成1代14～36d，世代重叠。以有翅胎生雌蚜在禾本科植物或秋植、冬植蔗株上越冬。翌春留在原处或迁飞到其他蔗株上为害，并营孤雌生殖，每雌产仔蚜50～130头，群集在蔗叶背面取食和繁殖。气温20～30℃，相对湿度70%～90%，若蚜历期13.5～18d；成蚜飞翔力强，寿命7～10d。甘蔗栽培复杂的地区及气候干旱，利其辗转为害，种群容易扩展受害重。

香蕉交脉蚜在海南各蔗区均有分布，多在干旱年份发生，量多，且有翅蚜比例高，多雨年份则相反；冬季低温，蚜虫多集中在叶柄、球茎、根部越冬；到春季气温回升，蕉树生长季节，蚜虫又开始活动、繁殖。在冬季香蕉束顶病很少发生，在4—5月陆续发生，这与香蕉交脉蚜的消长规律有关。

攻击蚜虫的昆虫有瓢虫、食蚜蝇、寄生蜂、食蚜瘿蚊、蚜狮、蟹蛛和草蛉等。侵染蚜虫的真菌包括弗氏新接霉蚜霉菌（*Neozygites fresenii*）、虫霉属（*Entomophthora*）、球孢白僵菌（*Beauveria bassiana*）、金龟子绿僵菌（*Metarhizium anisopliae*）和昆虫病原真菌（Entomopathogenic fungus），如蜡蚧轮枝菌（*Lecanicillium lecanii*）。天敌有异色瓢虫、七星瓢虫、龟纹瓢虫、食蚜蝇、草蛉和寄生蜂等。

5. 防治措施

（1）农业防治。秋、冬季在树干基部刷白，防止蚜虫产卵；结合修剪，剪除被害枝梢、残花，集中烧毁，降低越冬虫口；冬季刮除或刷除树皮上密集越冬的卵块，及时清理残枝落叶，减少越冬虫卵；春季花卉上发现少量蚜虫时，可用毛笔蘸水刷净，或将盆花倾斜放于自来水下旋转冲洗。还可培育抗性品种。

（2）生物防治。保护天敌，蚜虫的天敌很多，有瓢虫、草蛉、食蚜蝇和寄生蜂等，对蚜虫有很强的抑制作用。尽量少施广谱性农药，避免在天敌活动高峰时期施药，有条件的可人工饲养和释放蚜虫天敌。

（3）化学防治。发现大量蚜虫时，及时喷施农药。用50%马拉松乳剂1 000倍液，或50%杀螟松乳剂1 000倍液，或50%抗蚜威可湿性粉剂3 000倍液，或2.5%溴氰菊酯乳剂3 000倍液，或2.5%灭扫利乳剂3 000倍液，或40%吡虫啉水溶剂1 500～2 000倍液等，喷洒植株1～2次；用1：（6～8）的比例配制辣椒水（煮半小时左右），或用1：（20～30）的比例配制洗衣粉水喷洒，或用1：20：400的比例配制洗衣粉、尿素、水混合溶液喷洒，连续喷洒植株2～3次；对桃蚜一类本身披有蜡粉的蚜虫，施用任何药剂时，均应加入1%肥皂水或洗衣粉，增加黏附力，提高防治效果。

十、美洲斑潜蝇

1. 分类地位

美洲斑潜蝇（*Liriomyza sativae* Blanchard），属双翅目（Diptera），潜蝇科（Agromyzidae），斑潜蝇属（*Liriomyza*）。

2. 鉴别特征

成虫为小型蝇类，体长1.3～2.3mm，胸背面亮黑色有光泽，腹部背面黑色，侧面和腹面黄色，臀部黑色，雌虫体型较雄虫稍大。雄虫腹末圆锥状，雌虫腹末短鞘状。颚、颊和触角亮黄色，眼后缘黑色。中胸背板亮黑色，小盾片鲜黄色，足基节、腿节黄色，前足黄褐色，后足黑褐色，但各背板的边缘有宽窄不等的黄色边。翅无色透明，翅长1.3～1.7mm，翅腋瓣黄色，边缘及缘毛黑色，平衡棒黄色。

卵呈椭圆形，大小为（0.2～0.3）mm×（0.1～0.15）mm，米色，稍透明，肉眼不易发现。

幼虫蛆形，分为3个龄期，1龄幼虫几乎是透明的，2～3龄变为鲜黄色，老熟幼虫可达3mm，腹末端有1对形似圆锥的后气门。

蛹椭圆形，大小为（1.3～2.3）mm×（0.5～0.75）mm，腹部稍扁平，初化蛹时颜色为鲜橙色，后逐渐变暗黄。后气门三叉状。

成虫　　　　　　　　　　　卵　　　　　　　　　　　蛹

3. 为害症状

卵孵化出的幼虫潜入叶片中刮食叶肉，只剩下上下表皮和海绵组织，形成不超过主脉的弯曲的不规则白色虫道，黑色虫粪交替排列在虫道两侧。叶片受害后，上下表皮分离、枯落，逐渐萎蔫，严重的甚至整株死亡。老熟幼虫爬出虫道于叶面上或随风落入地面化蛹。除幼虫为害外，美洲斑潜蝇雌成虫会用产卵器刺破叶片，由刺孔处吸食汁液或产卵，在叶片上造成许多白色的失绿点，雄虫虽然不会直接刺破叶片，但会在雌虫刺孔处吸食汁液，严重影响植株生长。

4. 生活习性

该虫在海南地区一般一年可发生21～24代，无越冬现象，卵经2～5d孵化，幼虫期4～7d，末龄幼虫咬破叶表皮在叶外或土表下化蛹，蛹经7～14d羽化为成虫，每世代夏季2～4周，冬季6～8周。成、幼虫均可为害。雌成虫飞翔把植物叶片刺伤，进行取食和产卵，幼虫潜入叶片和叶柄为害，产生不规则蛇形白色虫道，叶绿素被破坏，影响光合作用，受害植株叶片脱落，造成花芽、果实被灼伤，严重的造成毁苗。

5. 防治措施

（1）农业防治。

①消灭虫源，合理施肥：在植物生长期，加强田间巡查，及时发现摘除受害叶片，并带出田外烧毁或深埋；收获后，及时把植株残体、田间杂草等清理出田园，恶化虫态生存环境，减少虫源；对作物进行合理施肥。

②深翻土壤，合理轮作：前茬作物收获后，深翻土壤达30cm以上，使

土壤表层的蛹不能羽化为成虫，降低虫口基数。因地制宜，与美洲斑潜蝇非寄主植物或不易感虫的苦瓜、葱、蒜类等作物间作套种。

（2）物理防治。黄板诱杀，在美洲斑潜蝇发生始盛期至盛末期，在植株上方30cm处交错悬挂涂有凡士林和林丹粉混合物的黄板，诱杀成虫，一般田地里悬挂诱虫板为300个/hm²，7d清理或更换1次。

（3）生物防治。保护和利用美洲斑潜蝇的天敌昆虫，如姬小蜂、草蛉、瓢虫等。改善作物田间生态环境，有利于天敌昆虫繁殖，发挥自然天敌资源对美洲斑潜蝇的抑制作用。

（4）化学防治。防治美洲斑潜蝇成虫最好选择在晴天8—12时成虫羽化高峰期，防治幼虫在2龄期前为宜，也就是为害植株的虫道长度在0.3～0.5cm。可选用20%阿维·杀虫单微乳剂450～900mL/hm²、10%灭蝇胺悬浮剂1 500～2 250g/hm²、11%阿维·灭蝇胺悬浮剂750～1 050mL/hm²等药剂进行喷雾，防治同时可添加0.2%磷酸二氢钾叶面肥等来增强植株叶片抗性。喷药时间最好15时之后，一般间隔4～6d防治1次，连续防治2～3次。对美洲斑潜蝇为害较重的田块，注意交替用药和轮换用药，施药后遇雨要及时补喷。

十一、瓜实蝇

1. 分类地位

瓜实蝇［*Bactrocera cucurbitae*（Coquillett）］，俗称针蜂，幼虫称瓜蛆，为双翅目（Diptera），实蝇科（Tephritidae），果实蝇属（*Bactrocera*）。

2. 鉴别特征

卵乳白色，细长0.8～1.3mm。

幼虫初为乳白色，长约1.1mm，老熟幼虫米黄色，长10～12mm。

蛹初为米黄色，后黄褐色，长约5mm，圆筒形。

成虫体型似蜂，黄褐色至红褐色，长7～9mm，宽3～4mm，翅长7mm，初羽化的成虫体色较淡。复眼茶褐色或蓝绿色（有光泽），复眼间有前后排列的两个褐色斑，后顶鬃和背侧鬃明显；翅膜质，透明，有光泽，亚前缘脉和臀区各有1长条斑，翅尖有1圆形斑，径中横脉和中肘横脉有前窄后宽的斑块；腿节淡黄色。腹部近椭圆形，向内凹陷如汤匙，腹部背面第3节前缘有一狭长黑色横纹，从横纹中央向后直达尾端有一黑色纵纹，形成一个明显的"T"形；产卵器扁平坚硬。

成虫   幼虫

3. 为害症状

成虫产卵管刺入幼瓜表皮内产卵，幼虫孵化后即在瓜内蛀食，受害的瓜先局部变黄，而后全瓜腐烂变臭，造成大量落瓜，即使不腐烂，刺伤处凝结着流胶，畸形下陷，果皮硬实，瓜味苦涩，严重影响瓜的品质和产量。

为害症状

4. 生活习性

瓜实蝇成虫羽化、交配后，雌虫产卵于果皮内，卵孵化为幼虫蛀食果肉，幼虫老熟后从果实中脱果入土化蛹，一般以蛹越冬，待新成虫羽化后进入下一世代发育。瓜实蝇在中国适生地区一年可发生2～12代，世代重叠现象明显。在海南一年发生10余代，以成虫在杂草、蕉树下越冬。翌年4月开始活动，以5—6月为害重。成虫白天活动，夏天中午高温烈日时，静伏于瓜棚或叶背，对糖、酒、醋及芳香物质有趋性。雌虫产卵于嫩瓜内，一生中平均产卵764～943粒，每天产卵9～14粒，产卵期长达48～68d，幼虫孵化后即在瓜内取食，将瓜蛀食成蜂窝状，以致腐烂、脱落。老熟幼虫在瓜落前或瓜落后弹跳落地，钻入表土层化蛹。

5. 防治措施

（1）农业防治。

①清洁田园，加强检查：田间及时摘除及收集落地烂瓜集中处理（喷药或深埋），有助减少虫源，减轻为害。

②套袋护瓜：在常发严重为害地区或名贵瓜果品种，可采用套袋护瓜办法（瓜果刚谢花、花瓣萎缩时进行），以防成虫产卵为害。

（2）物理防治。诱杀成虫利用成虫具趋化性，喜食甜质花蜜的习性，用香蕉皮或菠萝皮、南瓜或甘薯等与90%敌百虫晶体、香精油按400∶51比例调成糊状毒饵，直接涂于瓜棚竹篱上或盛挂容器内诱杀成虫（每亩20个点，25g/点）。还可用性引诱剂来诱杀成虫。各种瓜类在结幼瓜时，特别是规模种植，宜安装频振式杀虫灯开展灯光诱杀，零星菜园可用敌敌畏糖醋液诱杀成虫，能有效减少虫源，效果良好；也可在幼瓜期用40%乐斯本乳油1 000倍液喷雾；被瓜实蝇蛀食和造成腐烂的瓜，应进行消毒后集中深埋。

（3）化学防治。在成虫盛发期，于中午或傍晚喷施21%灭杀毙乳油4 000～5 000倍液，或2.5%敌杀死2 000～3 000倍液，或50%敌敌畏乳油1 000倍液，隔3～5d 1次，连喷2～3次，药要喷足。

十二、瓜绢螟

1. 分类地位

瓜绢螟［*Diaphania indica*（Saunders）］，属于鳞翅目（Lepidoptera），螟蛾科（Pyralidae），铃夜蛾属（*Diaphania*）。

2. 鉴别特征

成虫头部及胸部浓墨褐色。触角黑褐色，长度接近翅长。下唇须下侧白色，上部褐色。胸部鳞片及翅基片深褐色，末端鳞片白色细长。胸部背面黑褐色，腹部背面第1～4节白色，第5～6节黑褐色，腹部左右两侧各有一束黄褐色臀鳞毛丛。翅白色半透明，闪金属紫光。前翅沿前缘及翅面及外缘有一条淡墨褐色带，翅面其余部分为白色三角形，缘毛墨褐色；后翅白色半透明有闪光，外缘有一条淡墨褐色带，缘毛墨褐色。

　　成熟幼虫体长26mm，头部前胸淡褐色，胸腹部草绿色，背面较平，亚背线较粗、白色（此点是菜农认识瓜绢螟的主要标志），气门黑色，各体节上有瘤状突起，上生短毛。全身以胸部及腹部较大，尾部较小，头部次之。

　　蛹长14mm，浓褐色，头部光整尖瘦，翅基伸至第6腹节，有薄茧。

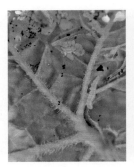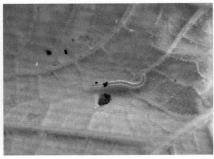

瓜绢螟幼虫

　　3. 为害症状

　　幼虫初孵化时首先取食叶片背面的嫩肉，被食害的叶片有灰白色斑；2龄幼虫开始吐丝缀连半边叶子为害，取食叶肉，留下叶背表皮，呈现小白点网眼。幼虫3龄以前，取食量较小，一般不能造成严重为害。幼虫长大到3龄以后能吐丝把全叶连缀或2～3片叶子连缀成大叶苞；幼虫居住在叶片间，取食时伸出头胸部；发生严重时，吃尽叶肉，仅剩叶脉，呈现网状叶。

为害症状

4. 生活习性

在海南一年发生1～4代，全年发生为害。多以蛹在枯叶蛹室内越冬，日平均气温回升到16～18℃时，越冬成虫陆续羽化，在桑田或屋边零散桑树上产卵，或飞至栽瓜田宿根佛手瓜上繁殖为害，完成第1代的发育，作为为害大田瓜类的主要虫源。5月上中旬第2代成虫羽化后迁飞到瓜地大量产卵繁殖为害，6—7月，幼虫密度最高，为害最重，为害率高达89%，成为蔬菜生产的极大障碍。

5. 防治措施

（1）化学防治。防治瓜绢螟基本上仅使用化学杀虫剂，最初Bt乳油被用于防治。鱼藤酮、茶皂素、喹硫磷、乐斯本、敌杀死、抑太保等化学杀虫剂陆续被试验研究，并证明对瓜绢螟幼虫具有较好的防效。

（2）生物防治。在适合化学防治措施的基础上，生物防治当前被认为是防治瓜绢螟的有效方法之一。目前报道的天敌有20多种，在我国发生的有5种寄生蜂，2种捕食类昆虫，还有1种病原菌。卵寄生蜂拟澳洲赤眼蜂（*Trichogramma confusum*）的寄生率最高，幼虫寄生蜂有两种，即菲岛扁股小蜂（*Elasmus puilippinensis*）和瓜螟绒茧蜂（*Apanteles taragamae*）。蛹期寄生蜂有两种，即小室姬蜂属（*Scenocharops* Uchida）和黑点瘤姬蜂属（*Xanthipimpla*）。拟澳洲赤眼蜂在秋季发生，瓜绢螟常被大量寄生，寄生率高时可连续10d以上接近100%，对瓜绢螟的发生为害有明显的抑制作用。

十三、蛴螬

1. 分类地位

蛴螬是鞘翅目金龟甲科各种金龟子幼虫的统称，俗名白地蚕、白土蚕、蛭虫等。菜田中发生的约30种，常见的有大黑鳃金龟子、铜绿丽金龟子等。蛴螬在国内广泛分布，但以北方发生普遍，为害多种蔬菜。

2. 鉴别特征

蛴螬体肥大，较一般虫类大，体弯曲呈"C"形，多为白色，少数为黄白色。头部褐色，上颚显著，腹部肿胀。体壁较柔软多皱，体表疏生细毛。头大而圆，多为黄褐色，生有左右对称的刚毛，刚毛数量的多少常为分种的特征。如华北大黑鳃金龟的幼虫为3对，黄褐丽金龟的幼虫为5对。蛴螬具胸足3对，一般后足较长。腹部10节，第10节称为臀节，臀节上生有刺毛，其数目的多少和排列方式也是分种的重要特征。

成虫（金龟子）　　　　　　　　　幼虫（蛴螬）

3. 为害症状

在地下啃食萌发的种子、咬断幼苗根茎，致使全株死亡，严重时造成缺苗断垄。喜欢生活在马铃薯等肥根类植物种植地，可将马铃薯的根部咬食成乱麻状，可以把幼嫩的马铃薯块茎吃掉或在块茎上留下咬食后的孔洞，严重时可以导致毁灭性灾害。

为害症状

4. 生活习性

以幼虫在堆肥或富含有机质的场所越冬；成虫在6—8月雨后羽化出

土，日夜活动型；具有趋光性和趋腐性；主要以幼虫取食种茎、根系和鲜薯等，且有转移为害习性，严重时可将根茎、鲜薯取食殆尽或仅留土表个别老根，受害植株极易倒伏，造成缺株或死苗；高温干旱、坡地、沙质地及木薯连作地、甘蔗轮作地及花生间套作地受害较重。

5. 防治措施

（1）农业防治。合理安排茬口，前茬为大豆、花生、薯类、玉米或与之套作的菜田，蛴螬发生较重，适当调整茬口可明显减轻为害。合理施肥，施用的农家肥应充分腐熟，以免将幼虫和卵带入菜田，并能促进作物健壮生长，增强耐害力，同时蛴螬喜食腐熟的农家肥，可减轻其对蔬菜的为害。施用碳酸氢铵、腐殖酸铵、氨水、氨化磷酸钙等化肥，所散发的氨气对蛴螬等地下害虫具有驱避作用。适时秋耕，可将部分成、幼虫翻至地表，使其风干、冻死或被天敌捕食、机械杀伤。

（2）物理防治。在成虫盛发期，每50亩菜田设40W黑光灯1盏，距地面30cm，灯下挖坑（直径约1m）、铺膜做成临时性水盆，加满水后再加微量煤油漂浮封闭水面。傍晚开灯诱集，清晨捞出死虫并捕杀未落入水中的活虫。

（3）化学防治。用50%辛硫磷乳油拌种，辛硫磷、水、种子的比例为1：50：600，具体操作是将药液均匀喷洒放在塑料薄膜上的种子上，边喷边拌，拌后闷种3～4h，其间翻动1～2次，种子干后即可播种，持效期约20d。或每亩用80%敌百虫可溶性粉剂100～150g，兑少量水稀释后拌细土15～20kg，制成毒土，均匀撒在播种沟（穴）内，覆一层细土后播种。在蛴螬发生较重的地块，用80%敌百虫可溶性粉剂和25%西维因可湿性粉剂各800倍液灌根，每株灌150～250g，可杀死根际附近的幼虫。

十四、玉米螟

1. 分类地位

玉米螟〔*Pyrausta nubilalis*（Hubern）〕，又叫玉米钻心虫，属于鳞翅目（Lepidoptera），螟蛾科（Pyralidae），我国发生的玉米螟有亚洲玉米螟和欧洲玉米螟两种，主要为害玉米、高粱、谷子等，也能为害棉花、甘蔗、大麻、向日葵、水稻、甜菜、豆类等作物，属于世界性害虫。据调查，海南地区较为常见的是亚洲玉米螟。

2. 鉴别特征

成虫黄褐色，雄蛾体长13～14mm，翅展22～28mm，体背黄褐色，前翅内横线为黄褐色波状纹，外横线暗褐色，呈锯齿状纹。雌蛾体长14～15mm，翅展28～34mm，体鲜黄色，各条线纹红褐色。

卵扁平椭圆形，长约1mm，宽0.8mm。数粒至数十粒组成卵块，呈鱼鳞状排列，初为乳白色，渐变为黄白色，孵化前卵的一部分为黑褐色（为幼虫头部，称黑头期）。

老熟幼虫，体长20～30mm，圆筒形，头黑褐色，背部淡灰色或略带淡红褐色。幼虫中、后胸背面各有1排4个圆形毛片，腹部第1～8节背面前方有1排4个圆形毛片，后方两个，较前排稍小。

蛹长15～18mm，红褐色或黄褐色，纺锤形。腹部背面1～7节有横皱纹，第3～7节有褐色小齿，横列，第5～6节腹面各有腹足遗迹1对。尾端臀棘黑褐色，尖端有5～8根钩刺，缠连于丝上，黏附于虫道蛹室内壁。

成虫　　　　　　　　　　　　　　幼虫

3. 为害症状

玉米螟是为害玉米的主要虫害之一，会钻入玉米内部为害，当心叶受到为害后会出现花叶及排孔的现象。如果玉米螟对啃食抽出的雄穗进行为害，则玉米穗轴出现折断现象的概率会有所提高。

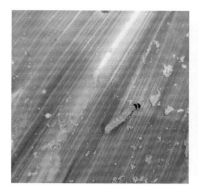 

为害症状

4. 生活习性

各虫态历期：卵一般3～5d，幼虫第1代25～30d，其他世代一般15～25d，越冬幼虫长达200d以上，蛹25℃时7～11d，一般8～30d，以越冬代最长，成虫寿命一般8～10d。玉米螟在我国的年发生代数随纬度的变化而变化，各个世代以及每个虫态的发生期因地而异。在同一发生区也因年度间的气温变化而略有差别，在海南地区一年可发生7代。通常情况下，第1代玉米螟的卵盛发期在1～3代区大致为春玉米心叶期，幼虫蛀茎盛期为玉米雌穗抽丝期，第2代卵和幼虫的发生盛期在2～3代区大体为春玉米穗期和夏玉米心叶期，第3代卵和幼虫的发生期在3代区为夏玉米穗期。

成虫昼伏夜出，有趋光性、飞翔和扩散能力强等特点。成虫多在夜间羽化，羽化后不需要补充营养，羽化后当天即可交配。雄蛾有多次交配的习性，雌蛾多数一生只交配一次。雌蛾交配1～2d后开始产卵。每个雌蛾产卵10～20块，300～600粒。幼虫孵化后先集群在卵壳附近，约1h后开始分散。幼虫共5龄，有趋糖、趋触、趋湿和负趋光性，喜欢潜藏为害。幼虫老熟后多在其为害处化蛹，少数幼虫爬出茎秆化蛹。

5. 防治措施

（1）农业防治。当气温为16～30℃、湿度为60%～90%更容易感染玉米螟。要对玉米螟的越冬寄主进行处理，减少虫口基数，减轻后续虫害的治理难度，可选择秸秆焚烧的方式，有效杀死羽化前的幼虫。

（2）物理防治。在防治区域的玉米秸秆垛周围，设置投射式杀虫灯加挂玉米螟性诱剂，诱杀害虫的成虫，减少害虫的虫源基数。

（3）生物防治。在玉米螟产卵期，释放赤眼蜂，破坏害虫虫卵；在玉米螟幼虫孵化期，喷施苏云金杆菌粉剂，消灭低龄害虫。玉米螟发生为害严重的玉米种植区域，在玉米螟越冬代成虫的羽化期、产卵期、幼虫孵化初期这3个玉米螟的发育阶段，采用绿色防控技术综合防治玉米螟，防治效果很好，平均防治效果都达90%以上。

（4）化学防治。选择浓度为50%的甲胺磷0.1kg或20～40g敌杀死与水进行配比后喷洒在玉米心叶上，水量为75～100kg。也可使用浓度为1.5%的辛硫磷颗粒剂1～1.5kg，或浓度为3%的呋喃丹2.0kg与细土进行搅拌，细土用量为30～40kg，在喇叭口位置撒施。

十五、二化螟

1. 分类地位

二化螟［*Chilo suppressalis*（Walker）］，别名钻心虫，隶属于鳞翅目（Lepidoptera），螟蛾科（Pyralidae）。

2. 鉴别特征

成虫翅展雄约20mm，雌25～28mm。头部淡灰褐色，额白色至烟色，圆形，顶端尖。胸部和翅基片白色至灰白，并带褐色。前翅黄褐色至暗褐色，中室先端有紫黑斑点，中室下方有3个斑排成斜线。前翅外缘有7个黑点。后翅白色，靠近翅外缘稍带褐色。雌虫体色比雄虫稍淡，前翅黄褐色，后翅白色。

卵呈扁椭圆形，有10余粒至百余粒组成卵块，排列成鱼鳞状，初产时乳白色，将孵化时灰黑色。

幼虫老熟时长20～30mm，体背有5条褐色纵线，腹面灰白色。

蛹长10～13mm，淡棕色，前期背面尚可见5条褐色纵线，中间3条较明显，后期逐渐模糊，足伸至翅芽末端。

成虫　　　　　　　　　　　　　幼虫

3. 为害症状

食性比较杂，寄主植物有水稻、茭白、野茭白、甘蔗、高粱、玉米、小麦、粟、稗、慈姑、蚕豆、油菜、游草等。以幼虫为害水稻，初孵幼虫群集叶鞘内为害，造成枯鞘，3龄以后幼虫蛀入稻株内为害，水稻分蘖期造成枯心苗，孕穗期造成枯孕穗，抽穗期造成白穗，成熟期造成虫伤株。

为害症状

4. 生活习性

二化螟不耐高温，35℃以上的高温常引起二化螟幼虫的大量死亡，适宜温度在24～26℃，相对湿度在80%～90%。海南地处热带，年平均气温22.5～25.6℃，有利于幼虫成活，一年最多可发生5代。在水稻苗期，幼虫为害水稻秧苗出现枯心，水稻稻穗受害，形成白穗，对水稻产量影响也较大，成虫白天隐藏在稻丛或杂草中，多停息在稻株离水面1.5～3.5cm处，晚间出来活动。成虫有趋光性，喜欢在稀植、高秆、茎粗、叶宽大、色浓绿的稻田里产卵。分蘖期前卵多产在叶片正面尖端，圆秆拔节后多产在离水面7～10cm叶鞘上，一般每头雌蛾产卵2～3块。每块有卵70～80粒。

初孵幼虫喜欢群居，大多在水稻叶鞘内进食叶肉，受害叶鞘形成黄色枯状斑块。3龄后分散开，在叶腋蛀入茎秆，并能转移到其他稻株上进行为害，严重时，一条幼虫能为害8～10株水稻苗。二化螟是重要的水稻等禾本科作物钻蛀性害虫，广泛分布于亚欧大陆多个国家，具有越冬场所多、转株为害等特点。二化螟在我国海南地区分布更为广泛。海南地区水稻多为三季稻区，给二化螟提供了丰富的食源，再加上海南特殊的环境条件，因此发生比较严重。

5. 防治措施

（1）农业防治。主要采取消灭越冬虫源、灌水灭虫、避害等措施。

①冬闲田在冬季或翌年早春3月底以前翻耕灌水。早稻草要放到远离晚稻田的地方暴晒，以防转移为害；晚稻草则要在春暖后化蛹前作燃料处理，烧死幼虫和蛹。

②4月下旬至5月上旬（化蛹高峰至蛾始盛期），灌水淹没稻桩3～5d，能淹死大部分老熟幼虫和蛹，减少发生基数。

③尽量避免单、双季稻混栽，可以有效切断虫源田和桥梁田之间的联系，降低虫口数量。不能避免时，单季稻田提早翻耕灌水，降低越冬代数量；双季早稻收割后及时翻耕灌水，防止幼虫转移为害。

④单季稻区适度推迟播种期，可有效避开二化螟越冬代成虫产卵高峰期，降低为害程度。

⑤水源比较充足的地区，可以根据水稻生长情况，在一代二化螟幼

虫化蛹初期，先排干田水2～5d或灌浅水，降低二化螟在稻株上的化蛹部位，然后灌水7～10cm深，保持3～4d，可使蛹窒息死亡；二代二化螟幼虫1～2龄期在叶鞘为害，也可灌深水淹没叶鞘2～3d，能有效杀死害虫。

（2）化学防治。为充分利用卵期天敌，应尽量避开卵孵盛期用药。一般在早、晚稻分蘖期或晚稻孕穗、抽穗期卵孵高峰后5～7d，当枯鞘丛率5%～8%，或早稻每亩有中心受害株100株或丛害率1%～1.5%或晚稻受害团高于100个时，应及时用药防治；未达到防治指标的田块可挑治枯鞘团。二化螟盛发时，水稻处于孕穗、抽穗期，防治白穗和虫伤株，以卵孵盛期后15～20d成熟的稻田作为重点防治对象田。在生产上使用较多的药剂品种是杀虫双、杀虫单、三唑磷等，一般每亩用78%精虫杀手可溶性粉剂40～50g或80%杀虫单粉剂35～40g或25%杀虫双水剂200～250mL或20%三唑磷乳油100mL，兑水40～50L喷雾，或兑水200L泼浇或400L大水量泼浇。许多稻区二化螟对杀虫双、三唑磷等已产生严重抗药性，2009年前常用5%锐劲特（氟虫腈）悬浮剂30～40mL，兑水40～50L喷雾。但自2009年10月起氟虫腈因为对环境极不友好禁止在水稻上使用，建议采用苏云金杆菌等生物制剂，防效突出的同时对环境友好，对鳞翅目害虫有很好的杀灭效果，施药期间保持深3～5cm浅水层3～5d，可提高防治效果。

（3）物理防治。黑光灯诱集二化螟成虫，可诱集到大量的二化螟雌蛾（由于雌蛾对黑光灯的趋性更强）。增施硅酸肥料，硅酸含量不影响二化螟成虫产卵的选择性，但幼虫取食硅酸含量高的品种时死亡率高，发育不良。这是由于硅酸在水稻茎秆组织内主要分布于表皮石细胞组织。

（4）生物防治。利用螟黄赤眼蜂防治水稻二化螟，防效一般在70%左右，可有效地杀灭水稻二化螟卵。

十六、三化螟

1. 分类地位

三化螟［*Tryporyza incertulas*（Walker）］，隶属于鳞翅目（Lepidoptera），螟蛾科（Pyralidae）。

2.鉴别特征

三化螟成虫雌雄的颜色和斑纹皆不同。雄蛾头、胸和前翅灰褐色，下唇须很长，向前突出。腹部上下两面灰色。雌蛾前翅黄色，中室下角有一个黑点。后翅白色，靠近外缘带淡黄色，腹部末端有黄褐色成束的鳞毛。雄蛾前翅中室前端有一个小黑点，从翅顶到翅后缘有一条黑褐色斜线，外缘有8～9个黑点。后翅白色，外缘部分略带淡褐色。

成虫体长9～13mm，翅展23～28mm。雌蛾前翅为近三角形，淡黄白色，翅中央有一明显黑点，腹部末端有一丛黄褐色绒毛。雄蛾前翅淡灰褐色，翅中央有一较小的黑点，由翅顶角斜向中央有一条暗褐色斜纹。

卵长椭圆形，密集成块，每块几十至100多粒，卵块上覆盖着褐色绒毛，像半粒发霉的大豆。

幼虫4～5龄。初孵时灰黑色，胸、腹部交接处有一白色环。老熟时长14～21mm，头淡黄褐色，身体淡黄绿色或黄白色，从3龄起，背中线清晰可见。腹足较退化。

蛹黄绿色，羽化前金黄色（雌）或银灰色（雄），雄蛹后足伸达第7腹节或稍超过，雌蛹后足伸达第6腹节。

成虫　　　　　　　　　　　　幼虫

3.为害症状

三化螟初孵幼虫分散蛀入稻株，在分蘖期为害，使心叶纵卷、发黄、枯萎而形成枯心苗；在孕穗期为害，造成死孕穗；在稻穗抽出之后，造成虫伤株，使稻粒不饱满。三化螟为害形成的多种症状重，最明显和最主要是枯心苗和白穗。

为害症状

4. 生活习性

三化螟是一种单食性害虫，只取食水稻，离开水稻无法生存繁殖，具有昼伏夜出习性，趋光性强。成虫爬出孔后经10min左右便可飞翔。成虫特别是雄蛾白天多潜伏在稻株下部，夜间活动，趋光性强。成虫羽化后20℃以上，第2天晚上开始产卵，并多产于深夜。产卵具有趋嫩性，各代产卵以倒2叶为主。有风天产在下部或叶鞘部位。每只雌虫产卵1～5块。卵块几乎均产在水稻叶片上，叶鞘上很难查见。卵块以叶面着卵为多，反面较少。幼虫蚁螟孵化后从卵块正面或底面咬孔爬出，爬至叶尖吐丝下垂，借风扩散至附近稻株，然后爬至适当部位蛀孔侵入，也有的蚁螟直接爬进叶鞘内。蚁螟在稻株外部活动时间一般为15～60min，60min未侵入的，大部分自然死亡。破口期蚁螟由剑叶叶鞘裂缝处直接侵入，一般只需30s，侵入时间最短。

海南大部分地区一年发生6代，南部少数县7代，老熟幼虫可在稻桩中越冬，翌年春季气温回升到16℃以上时开始化蛹。化蛹前先在稻茎基部咬一个羽化孔并吐丝封盖，羽化时顶破封盖物向外爬出。也有少数幼虫在稻草内越冬尤其对黑光灯较为敏感；具有趋高大嫩绿稻株产卵习性；具有钻蛀、转株、越冬、逃逸习性。

5. 防治措施

（1）农业防治。在水稻种植前对田间种植地进行整理，彻底消除越冬的虫卵和幼虫，同时采取灌水措施进行灭蛹，在三化螟的繁殖旺盛期进行浅水灌溉，然后再进行深层灌水，一般将每年的春耕作为灭虫的重点时期。

（2）物理防治。采用太阳能杀虫灯引诱及螟蛾诱捕器诱杀成虫。

（3）生物防治。合理利用天敌，稻田实施稻鸭共育。采用苏云金芽孢杆菌防治幼虫等措施。

（4）化学防治。在每年的6—7月进行大面积灭虫，可以采用稻丰灵或者杀虫双等药剂对三化螟进行防治。也可采用高效低毒广谱杀虫剂"康宽"20%氯虫苯甲酰胺或"福戈"40%氯虫苯甲酰胺、噻虫嗪水分散粒剂进行叶面喷施即可。

第三章 病 害

一、稻瘟病

1. 病原

病原是稻梨孢（*Pyricularia oryzae* Cavara），属有丝分裂孢子真菌。分生孢子梗从病组织表皮或气孔处成簇地长出，具有2~4个隔膜；分生孢子为无色或褐色，呈顶部尖、基部钝的洋梨状或倒棍棒状；分生孢子萌发时在其基部或顶部形成芽管，再由其形成附着胞，最后在附着胞生出侵染丝而侵入寄主植物组织。该菌主要通过菌丝体或分生孢子在病谷和病稻草上越冬进而进行初侵染，可通过气流传播至健稻株上形成再侵染。

2. 为害症状

该病在水稻的各个生长阶段均能发生，根据发病时间和侵染部位的差异，可将其分为苗瘟、叶瘟、节瘟、穗颈瘟和谷粒瘟。

（1）苗瘟。病菌主要以分生孢子和菌丝体在稻草和稻谷上越冬，播种带菌种子可引起苗瘟。通常在三叶期以前发病，发病时根苗会出现灰黑色，上部变为褐色。

（2）叶瘟。叶片显现病斑，通常在三叶期至后期发病，不同水稻品种的抗病能力不同，所以叶瘟所体现出的病变形状、大小、颜色也有明显差异。慢性型病斑初期表现为暗绿色或褐色小点，两端向叶脉延伸褐色坏死线，之后呈现出不规则的大斑。急性型病斑的叶片上表现出大量灰色的霉层，具有很强的流行性。

（3）节瘟。在抽穗后，稻节位置出现褐色小点，之后整个节部发黑、腐烂，可形成白穗。

（4）穗颈瘟。在穗颈部位可见褐色小点，之后逐渐变为黑色，抽穗后为白穗，形成小穗不实。

（5）谷粒瘟。早期发病外壳全部变为灰白色，晚期发病可见褐色病斑。

水稻稻瘟病症状

3. 传播途径

高湿有利分生孢子形成、飞散和萌发，而高湿度持续达一昼夜以上，则有利病菌的侵入，造成病害的发生与流行。阴雨连绵、日照不足、结露时间长有利发病。种植感病品种有利发病；而抗病品种大面积单一化连续种植，极易导致病菌变异产生新的生理小种群，以致丧失抗性。长期灌深水或过分干旱，污水或冷水灌溉，偏施、迟施氮肥等，均易诱发稻瘟病。

4. 发生规律

26～28℃为最佳病菌生长温度，孢子的形成温限10～35℃，相对湿度90%以上时发病率最高，这是因为孢子萌发需要大量的水分。根据温湿度特点，当适温、高湿天气，有雨、雾、露等自然条件时，最容易发生水稻稻瘟病。秧苗4叶期、分蘖期、抽穗期是发生水稻稻瘟病风险最高的时期。相对来说，圆秆期的发病风险比较低。同一器官或组织在组织幼嫩期发病重，穗期以始穗时抗病性弱。放水早或长期深灌根系发育差，抗病力弱，发病重。光照不足，田间湿度大，有利分生孢子的形成、萌发和侵入。山区雾大露重，光照不足，稻瘟病的发生为害比平原严重。此外，施肥时机不当、稻田灌溉方式不合理也是降低水稻抗病能力，导致稻瘟病害的主要影响因素。

5. 防治措施

稻瘟病的防治措施主要包括抗病品种的选育和利用、药剂防治措施、栽培管理以及生物防治措施。

（1）抗病品种的选育。利用分子标记辅助育种和转基因育种技术等现代分子生物学技术，进一步发掘和丰富抗稻瘟病基因资源，拓宽品种抗性，以培育出广谱持久抗瘟品种。

（2）栽培管理。合理密植提高稻田的通风性和透光度，降低稻株的湿度；通过采用无病稻种或播种前对其进行消毒处理、适时进行轮换种植等方法消除病原；加强灌溉管理，既不深水漫灌，又不让水稻缺水；科学施肥，切忌过量施用氮肥，增施硅肥，增强稻株抵抗病虫害的能力。

（3）药剂防治。以烯丙苯噻唑、三环唑、四氯苯肽等为代表的间接作用杀菌剂为主，其中，以三环唑的防效最为优异，但药剂防治会面临病原菌产生抗药性等问题的挑战。

（4）生物防治。利用细菌类（主要为芽孢杆菌和假单胞菌）、放线菌类（主要为链霉菌）、真菌类（主要为木霉菌）和植物类（印度楝树等）生物活体或由它们产生的代谢产物来防治稻瘟病，不易产生抗药性。

二、水稻白叶枯病

1. 病原

病原是稻黄单胞菌水稻致病变种（*Xanthomonas oryzae* pv.*oryzae*），属真细菌目，假单胞菌科，黄单胞菌属。菌体短杆状，大小（1.0～2.7）μm×（0.5～1.0）μm，无芽孢和荚膜，菌体外被具有黏质的胞外多糖包裹；细菌的生长特性为：在培养基上菌落为淡黄色或蜜黄色，能够分泌产生非水溶性的黄色素，具有好气性、属于呼吸型代谢；细菌的最适生长温度为25～30℃，最适宜pH值为6.5～7.0。

2. 为害症状

细菌进入水稻后，短短几天就会繁殖充满维管束并从水孔泌出，在叶片上形成珠状或连珠状渗液，这是发病的典型标志。水稻白叶枯病会引发叶枯型和凋萎型两种主要症状。

叶枯型是白叶枯病最常见的症状，主要发生在叶片及叶鞘部位，通常从叶尖和叶缘开始发生，少数从叶肉开始，产生黄绿色、暗绿色斑点，沿叶缘或中脉向下延伸扩展成条斑，病部和健康部分界线明显，病斑数天后转为灰白色（多见于籼稻）或黄白色（多见于粳稻），远望一片枯槁色，这也是白叶枯病名的由来。

凋萎型主要发生在秧苗期至分蘖初期，通常见于秧苗移植后1~4周，主要症状是"失水、青枯、卷曲、凋萎"，最后导致全株死亡。该症状的产生主要是病原细菌自叶面伤口、自然孔口、伤茎或断根等部位入侵，沿维管束向其他器官部位转移，分泌毒素破坏并堵塞输导组织以引起秧苗失水，造成整株萎蔫死亡。

另外，热带地区的稻田还发现白叶枯病的另一种症状类型，被称为黄叶型，即一般病株的较老叶片颜色正常，成株上的心部新出叶则呈均匀褪绿或呈淡黄色至青黄色。

水稻白叶枯病症状

3. 传播途径

适宜条件时，病菌侵入至症状表现只需3~5d，而且病菌再侵染次数增多。病菌可随水传播到较远的稻田，引起连片发病，也可随风作短距离传播，依风向风速传播半径为60~100m。在田间高湿的情况下进行农事操作有利病菌传播，助长病害扩散。

4. 发生规律

病菌生长温限17~33℃，最适25~30℃，最低5℃，最高40℃，病菌最适宜pH值6.5~7.0。低于17℃和高于35℃则不会发病。相对湿度90%以上，有利于菌源侵染寄主。

病菌潜伏期短，气温的高低主要影响潜育期的长短。在22℃时潜育期为13d，24℃时为8d，26~30℃时则只需3d。适温、大雨、台风和日照不足可加速病害的扩散和稻叶摩擦，能在短期内造成大流行。地势低洼、排水不良或沿江河一带的地区发病也重。相对湿度低于80%时，不利于病害的发生和蔓延。

5. 防治措施

（1）选用抗病品种。是防治白叶枯病经济、省工、有效的主要措施。

（2）栽培措施。秧田应选择地势高、排灌方便、远离房屋和晒场的无病田；防止串灌、漫灌和长期深水灌溉；防止过多偏施氮肥，要配施磷、钾肥，最好采用旱育苗。氮肥切忌多施、晚施。水的管理要浅水勤灌。严禁深灌、串灌、大水漫灌，以增强稻体内的抗病力。

（3）种子处理。播前用50倍液的福尔马林浸种3h，再闷种12h，洗净后再催芽。也可选用浸种灵乳油2mL，加水10~12L，充分搅匀后浸稻种6~8kg，浸种36h后催芽播种。

（4）秧田防治。在秧田3叶期和移栽前各喷1次25%敌枯双1 000倍液，积极进行防治。

（5）大田防治。大田施药适期应掌握在零星发病阶段，以消灭发病中心。10%杀枯净可湿性粉剂400~500倍液喷雾，10%叶枯净可湿性粉剂500~1 000倍液喷雾，15%敌枯双1 500~2 000倍液喷雾。根据病情隔5~7d再喷1次。

三、水稻稻曲病

1. 病原

病原为稻绿核菌［*Ustilaginoidea oryzae*（Patou.）Bref=*U.virens*

（Cooke）Tak.〕属半知菌亚门真菌。分生孢子座（6~12）μm×（4~6）μm，表面墨绿色，内层橙黄色，中心白色。分生孢子梗直径2~2.5μm。分生孢子单胞厚壁，表面有瘤突，近球形，大小4~5μm。菌核从分生孢子座生出，长椭圆形，长2~20mm，在土表萌发产生子座，橙黄色，头部近球形，长1~3mm，有长柄，头部外围生子囊壳，子囊壳瓶形，子囊无色，圆筒形，长18~22μm，子囊孢子无色，单胞，线形，大小（120~180）μm×（0.5~1）μm。厚垣孢子墨绿色，球形，表面有瘤状突起，大小（3~5）μm×（4~6）μm。有性态为*Claviceps virens* Sakurai称稻麦角，属子囊菌亚门真菌。

2. 为害症状

该病只发生于穗部，为害部分谷粒。受害谷粒内形成菌丝块渐膨大，内外颖裂开，露出淡黄色块状物，即孢子座，后包于内外颖两侧，呈黑绿色，初外包一层薄膜，后破裂，散生墨绿色粉末，即病菌的厚垣孢子，有的两侧生黑色扁平菌核，风吹雨打易脱落。

水稻稻曲病症状

3. 传播途径

病原菌主要以菌核在土壤越冬，翌年7—8月萌发形成孢子座，孢子座上产生多个子囊壳，其内产生大量子囊孢子和分生孢子；也可以厚垣孢子附在种子上越冬，条件适宜时萌发形成分生孢子。孢子借助气流传播散落，在水稻破口期侵害花器和幼器，造成谷粒发病。

4. 发生规律

病原菌以落入土中菌核或附于种子上的厚垣孢子越冬。翌年菌核萌发产生厚垣孢子，由厚垣孢子再生小孢子及子囊孢子进行初侵染。气温24~32℃病菌发育良好，26~28℃最适，低于12℃或高于36℃不能生长，稻曲病侵染的时期有的学者认为在水稻孕穗至开花期侵染为主，有的认为厚垣孢子萌发侵入幼芽，随植株生长侵入花器为害，造成谷粒发病形成稻曲。抽穗扬花期遇雨及低温则发病重。抽穗早的品种发病较轻。施氮过量或穗肥过重加重病害发生。连作地块发病重。

5. 防治措施

（1）选用抗病品种。如南方稻区的广二104、汕优36、扬稻3号、滇粳40号等。北方稻区有京稻选1号、沈农514、丰锦、辽粳10号等发病轻。

（2）栽培措施。避免病田留种，深耕翻埋菌核。发病时摘除并销毁病粒。

（3）药剂防治。氟硅唑咪鲜胺加嘧啶核苷类抗生素或农用抗生素120防治，或用2%福尔马林或0.5%硫酸铜浸种3~5h。抽穗前用18%多菌酮粉剂150~200g，或于水稻孕穗末期每亩用14%络氨铜水剂250g或稻丰灵200g或5%井冈霉素水剂100g，兑水50L喷洒。用50%DT可湿性粉剂100~150g，兑水60~75L；用40%禾枯灵可湿性粉剂，每亩用药60~75g，以水稻抽穗前7~10d为宜。如预测稻曲病为流行年，可于破口初期每亩用12.5%纹霉清水剂400~500mL；或12.5%克纹霉水剂300~450mL；或5%井冈霉素水剂400~500mL，兑水37.5kg喷雾。杀菌农药可减至每亩300mL，兑水喷雾。

四、水稻黄矮病

1. 病原

病原是水稻黄矮病毒，属细胞核弹状病毒属（*Nucleorhabdovirus*）的一个确定种。病毒理化特性如下。

（1）病毒粒子。为枪弹状，粒子长120～136nm，宽80～100nm，每个粒子都有大小为（83～100）nm×（40～50）nm的核心区域和一层厚度为25nm的外膜。在甲基丙烯酸酯切片中，弹状粒子为（100～125）nm×（50～70）nm。当粒子被横切时，核心中央有一空心。病毒粒子可聚集于叶肉细胞核内和细胞质中。如大量病毒粒子密集核内，其核内含物和核酸可被病毒占据和破坏。

（2）核酸。为单分子ssRNA，分子质量$4×10^6$u（Franchi et al., 1985）。

（3）蛋白。有5种结构蛋白，分子质量分别为200ku（L）、90ku（G）、63ku（N）、43ku（NS）和32ku（M）（Chiu et al., 1990）。另据Hayash和Minobe（1985）测定其G、N、NS及M蛋白质分子质量分别为92ku、72ku、43ku和28ku。

2. 为害症状

感染黄矮病的水稻，植株矮缩，株型松散，病叶平展或下垂，前期叶片黄色杂有碎绿斑块，呈条状斑驳花叶，叶脉绿色，叶鞘绿色，无明显症状，后期全叶枯黄卷缩。病株根系老化、短小，易拔起。苗期感病，植株严重矮缩，不分蘖就枯死；分蘖期感病，分蘖减少，不能抽穗，或虽抽穗但穗小、谷粒少，常有包颈，结实率低，半实粒与空壳多，米质差。

水稻黄矮病症状

3. 传播途径

病原菌主要由黑尾叶蝉、二条黑尾叶蝉和二点黑尾叶蝉传播，流行年份一般可使水稻减产20%～30%，甚至失收。

4. 发生规律

在冬季气候温暖、干燥，带毒黑尾叶蝉越冬的若虫成活率高，若肥水管理不当，偏施化学氮肥，禾苗长势茂密，叶色浓绿，植株柔嫩，容易诱集黑尾叶蝉为害和传病。

5. 防治措施

因为传染黄矮病的媒介主要是黑尾叶蝉，因此必须贯彻"治虫防病"的方针，并加强栽培管理措施，提高水稻抗病力。一是消灭虫源的寄生场所，铲除田边杂草，烧毁发病稻秆，进行犁冬晒白。二是合理调节插秧期，使水稻易感病生育期避开传毒昆虫的迁飞高峰期。三是防虫治病。从秧苗返青后开始喷药，可用40%乐果乳油800倍液，或90%晶体敌百虫800倍液，或25%杀虫双水剂600倍液，或4.5%高效氯氰菊酯1 000～1 500倍液喷杀，也可用豆虫通杀生物制剂1 500～2 000倍液喷施。此外，还可采取黑光灯在成虫盛发期诱杀，或用捕虫网兜捕，能迅速降低田间虫量，减少传播媒介。

五、水稻细菌性条斑病

1. 病原

病原为稻生黄单胞杆菌稻细条斑致病变种［*Xanthomonas oryzae* pv. *oryzicola*（Fang et al.）Swing et al.］，属薄壁菌门，假单胞细菌目，黄单胞杆菌属。菌体杆状，大小（1～2）μm×（0.3～0.5）μm。多单生或个别成双链。有极生鞭毛1根，不形成芽孢和荚膜，革兰氏染色反应阴性。在肉汁胨琼脂培养基上菌落圆形，周边整齐，中部稍隆起，蜜黄色。该菌生长适温28～30℃。该菌能使明胶液化，使牛乳胨化，使阿拉伯糖产酸，对青霉素、葡萄糖反应不敏感。

2. 为害症状

水稻幼苗期发病就可看到症状，叶片上初呈暗褐色水渍状透明的小斑点，后沿叶脉扩展形成暗绿色至黄褐色细条斑，其上生有许多露珠状蜜黄色菌脓。病斑可以在叶片的任何部位发生，严重时，许多条斑还可以连接或合并起来，成为大块枯死斑块，外形与水稻白叶枯病有些相似，但仔细观察时，仍可看到典型的条斑症状。即使在干燥的情况下，病斑上也可以看到较多蜜黄色菌脓。菌脓色深量多，不易脱落。病斑边缘不呈波纹状弯曲，对光检视，仍有许多透明的小条斑，病斑可在全生育期任何部位发生。

水稻细菌性条斑病症状

3. 传播途径

病原菌在种子内越冬，播种后，病菌可通过幼苗的根和芽鞘侵入，引起发病。发病时，一般先出现中心病株，然后在病株上分泌包含细菌的细菌流胶（又叫菌脓），借风、雨、露水、灌溉水、昆虫、人为等因素传播。带菌种子、带病稻草和残留田间的病株稻桩是主要初侵染源，李氏禾等田边杂草也能传病。

4. 发生规律

在菌源存在的前提下，水稻细菌性条斑病的发生与流行主要受气候、品种抗性及栽培管理技术等因素的影响。

（1）气候条件。发生流行要求高温、高湿条件，在气温28℃、相对湿度接近饱和时，最适合病害发展。台风、暴雨或洪涝侵袭，造成叶片大量伤口，有利病菌的侵入和传播，易引起病害流行。

（2）品种抗病性。尚未发现对水稻细菌性条斑病免疫的品种，但品种间抗病性差异明显。一般粳稻较籼稻、糯稻抗病；常规稻较杂交稻抗病。

一般深灌、串灌、漫灌，偏施或迟施氮肥，均有利于此病的发生和为害。

5. 防治措施

（1）加强植物检疫。水稻细菌性条斑病菌被中国列为植物检疫对象，在无病区要严格执行检疫制度，以控制病害的传播和蔓延。要防止调运带菌种子远距离传播，保护无病区。实施产地检疫，对制种田在孕穗期做一次认真的田间检查，可确保种子是否带菌。严格禁止从疫情发生区调种、换种的现象。

（2）选种。培育抗病良种，淘汰感病品种。

（3）加强栽培管理。施肥要注意氮、磷、钾的配合，基肥应以有机肥为主，后期慎用氮肥；绿肥或其他有机肥过多的田，可施用适量石灰和草木灰。要浅水勤灌，适时适度搁田，严防秧苗淹水，铲除田边杂草。这些都有减轻发病的作用。

（4）药剂防治。当田间病害处于点发阶段、气候条件和稻株长势又适于发病时，每亩选用20%噻枯唑（又名川化018、叶枯宁、叶青双、叶枯唑）或25%噻枯唑可湿性粉剂，或25%叶枯灵（又名渝7802）可湿性粉剂250～500倍液；10%叶枯净（又名5-氧吩嗪、杀枯净、惠农精）可湿性粉剂300倍液；50%消菌灵水溶性粉剂1 500倍液；14%胶胺铜水剂500倍液；45%代森铵水剂400倍液或12%施稻灵胶悬剂2 000倍液；25.9%植保灵水剂700倍液喷雾，每5～7d 1次，连喷2～3次。施药后如遇雨，雨后应补喷。

六、玉米大斑病

1. 病原

病原为凸脐蠕孢菌[*Exserohilum turcicum*（Pass.）Leonard et Suggs]，属子囊菌门，格孢菌科，毛球腔菌属真菌。分生孢子梗单生或2~3根束生，褐色不分枝，正直或膝状曲折，基细胞较大，顶端色淡，具2~8个隔膜，大小（35~160）μm×（6~11）μm。分生孢子梭形或长梭形，榄褐色，顶细胞钝圆或长椭圆形，基细胞尖锥形，有2~7个隔膜，大小（45~126）μm×（15~24）μm，脐点明显，突出于基细胞外部。

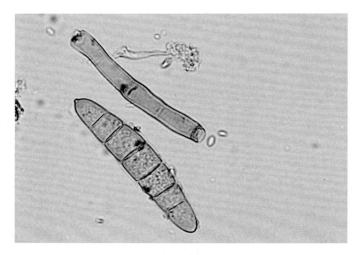

玉米大斑病病原菌

2. 为害症状

主要为害玉米的叶片、叶鞘和苞叶。叶片染病先出现水渍状青灰色斑点，然后沿叶脉向两端扩展，形成边缘暗褐色、中央淡褐色或青灰色的大斑。后期病斑常纵裂。严重时病斑融合，叶片变黄枯死。潮湿时病斑上有大量灰黑色霉层。下部叶片先发病。在单基因的抗病品种上表现为褪绿病斑，病斑较小，与叶脉平行，色泽黄绿或淡褐色，周围暗褐色。有些表现为坏死斑。

玉米大斑病症状

3. 传播途径

病原菌以菌丝或分生孢子附着在病残组织内越冬。成为翌年初侵染源，种子也能带少量病菌。田间侵入玉米植株，经10～14d在病斑上可产生分生孢子，借气流传播进行再侵染。

4. 发生规律

病原菌以菌丝或分生孢子附着在病残组织内越冬。成为翌年初侵染源，种子也能带少量病菌。气温高于25℃或低于15℃，相对湿度小于60%，持续几天，病害的发展就受到抑制。在春玉米区，从拔节到出穗期间，气温适宜，又遇连续阴雨天，病害发展迅速，易大流行。玉米孕穗、出穗期间氮肥不足发病较重。低洼地、密度过大、连作地易发病。

5. 防治措施

（1）栽培措施。适期早播，避开病害发生高峰。施足基肥，增施磷、钾肥，掌握适宜的灌水量及次数等。保持玉米田间通风透光好，干、湿度适宜的良好生态环境。中耕除草培土摘除基部2～3片叶。降低田间湿度，使植株健壮，提高抗病力。清洁田园，将秸秆集中处理，经高温发酵使其充分腐熟后，再用作肥料。及时翻耕，将遗留田间的病株残体翻入土中，以加速腐烂分解。未作处理的秸秆在翌年玉米播种前应烧毁或是封存。

（2）药剂防治。可在心叶末期到抽雄期或发病初期喷洒50%多菌灵可湿性粉剂500倍液；或50%甲基硫菌灵可湿性粉剂600倍液；或75%百菌清可湿性粉剂800倍液；或40%克瘟散乳油800～1 000倍液。隔10d喷1次，连续防治2～3次。

七、玉米小斑病

1. 病原

玉米小斑病病原为玉蜀黍平脐蠕孢菌〔*Bipolaris maydis*（Nisikado et Miyake）Shoemaker〕，属半知菌类。有性世代为*Cochlibolus heterostrophus* Drechsler。病原菌的分生孢子梗单生或2至多根丛生，褐色，直或有膝状曲折，有3～12个隔膜，多数为6～8个隔膜，大小（80.3～155.6）μm×（5～10）μm，基细胞膨大。分生孢子椭圆形、长椭圆形、柱形或倒棍棒形，中间或中间稍下处最宽，两端渐细小，褐色至深褐色，两端细胞钝圆形，脐点明显，深褐色，凹入基细胞内，1～15个隔膜，多数为6～8个隔膜，大小（13.8～14）μm×（4.8～21.3）μm。子囊壳近球形，直径为0.4～0.6mm，黑色，表面布满分生孢子梗及菌丝，有一嘴形孔口。子囊无数，有短柄，顶端圆形，大小为（124.6～183.31）μm×（22.9～28.5）μm，内有4个子囊孢子。子囊孢子丝状，平行排列，互相缠绕成卷线状，有5～9个隔膜，大小为（146.6～327.3）μm×（6.3～8.8）μm。

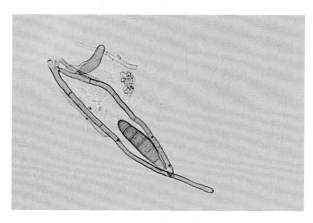

玉米小斑病病原菌

2. 为害症状

玉米小斑病在玉米整个生育期内都可发生，但以抽雄、灌浆期发病严重。主要为害叶片，但叶鞘、苞叶和果穗也能受害。在叶片上病斑较小，病斑数量多，在高温多湿条件下，病斑表面密生一层灰色的霉状物，即病原菌分生孢子梗和分生孢子。

因玉米品种和病原菌生理小种不同，而表现为3种不同病斑类型：一是病斑椭圆形或近长方形，多限于叶脉之间，黄褐色，边缘褐色或紫褐色，多数病斑连片以后，病叶变黄枯死；二是病斑椭圆形或纺锤形，较大，不受叶脉限制，灰色或黄褐色，边缘褐色或无明显边缘，有的后期稍有轮纹，苗期发病时，病斑周围或两端形成暗绿色浸润区，病斑数量多时，叶片很快萎蔫死亡；三是病斑为黄褐色坏死小斑点，病斑一般不扩大，周围有黄色晕圈，表面霉层极少，通常多在抗病品种上出现。叶鞘和苞叶上病斑较大，纺锤形，黄褐色，边缘紫色或不明显，表面密生灰黑色霉层。果穗受害时，病部为不规则的灰黑色霉区，严重时，引起果穗腐烂，下垂掉落，种子发黑腐烂，影响发芽和出苗，常导致幼苗枯死。

玉米小斑病症状

3. 传播途径

玉米小斑病病原菌在病株残体内外以菌丝或分生孢子越冬。在地面上能存活1~2年。越冬孢子存活率高低与越冬场所环境条件有关。存放在室内、树上、篱笆和地面上的病株残体，只要不腐烂均能产生大量分生孢子。越冬病原菌，在翌年遇到适宜温湿度条件，即产生大量分生孢子，借气流或雨水传播到田间玉米叶片上，如遇田间湿度较大或重雾时，叶面上结有游离水滴存在时，分生孢子4~8h即萌发产生芽管侵入到叶表皮细胞里，3~4日即可形成病斑。在潮湿的气候条件下，病斑上产生大量分生孢子，借气流传播，进行重复侵染，蔓延扩大，直到天气变冷，气温、湿度降低，不利于病原菌为止。玉米收获后，病原菌又随病株残体进入越冬阶段。

4. 发生规律

分生孢子可借助风雨、气流传播，侵染玉米，在病株上产生分生孢子进行再次侵染。发病适宜温度为26~29℃，产生孢子的最适温度为23~25℃。分生孢子在24℃温度条件下，1h即可萌发，遇充足水分或高温条件，病情将迅速扩展。玉米孕穗、抽穗期如遇持续降雨、湿度高的天气，易造成小斑病的流行，其中低洼地、过于密植荫蔽地以及连作田发病较重。

5. 防治措施

优先采取种植抗病品种、加强水肥管理等措施，以药剂防治为辅。

（1）选种。推广高产优质兼抗的玉米杂交种，是防病增产的重要措施。

（2）加强栽培管理。消灭越冬菌源和减少发病初期菌量，轮作倒茬可减少田间菌量，另外玉米收获后应彻底清除田间病残体，并及时深翻，这是减少初侵染源的重要措施，玉米是一种喜肥作物，加强水肥管理，特别是施用磷、钾肥，可提高作物抗病能力。玉米小斑病是一种兼性寄生菌，植株生育不良易受侵染，即使抗性品种在缺肥、缺水时也不能表现出其抗病潜力。

（3）药剂防治。在玉米抽雄前后开始喷药。可选用70%代森联（品润）水分散粒剂、50%多菌灵可湿性粉剂、75%百菌清可湿性粉剂、80%代森锰锌可湿性粉剂等500倍液喷雾，隔7~10d喷药1次，共防治2~3次。用18.7%丙环·嘧菌酯悬浮剂50~70mL/亩或25%嘧菌酯（阿米西达）1 500~2 000倍液，可达预防、治疗和铲除的效果。

八、甜瓜霜霉病

1. 病原

病原为古巴假霜霉菌（*Pseudoperonospora cubensis*），是一种专性寄生菌。该菌属于卵菌门、霜霉菌目、假霜霉属。菌丝体无色，无隔膜，在寄主细胞间生长发育，以吸器伸入寄主细胞内吸收养分。无性生殖产生孢囊梗和孢子囊，孢囊梗自气孔伸出，单生或2～4根束生，无色，基部稍膨大，上部呈3～5次锐角分枝，分枝末端着生孢子囊，孢子囊卵形或柠檬形，淡褐色，单胞，顶端具乳突状突起。

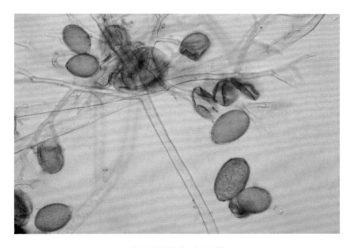

甜瓜霜霉病病原菌

2. 为害症状

甜瓜的整个生育期均可以感染霜霉病，该病斑受叶脉限制，颜色表现为多角形浅褐色或黄褐色，逐渐形成比较容易诊断的病害，主要为害叶片，茎、卷须及花梗亦能受害，幼苗与成株均可发病，以成株期开花结果后发病重，叶片发病初期呈水渍状，叶背出现黄色暗斑，经4～5d逐渐扩展，受叶脉限制形成多角形淡褐色斑块，病斑干枯易碎；湿度高于80%时，叶背长出灰色霉层，后期灰色霉层变黑，严重时病斑连成片，整叶变黄褐色，干枯卷缩，全田表现枯黄，瓜果品质影响严重，减产30%～50%。

甜瓜霜霉病症状

3. 传播途径

甜瓜霜霉病是甜瓜生产中重要的气传病害，孢子囊释放游动孢子，通过气流、雨水、浇水和病虫传播，带菌肥料也可传播，自寄主植株气孔、人工作业伤口或直接穿透表皮侵入。

4. 发生规律

瓜类霜霉病流行系统主要由黄瓜霜霉病流行系统和甜瓜霜霉病流行系统组成，目前只证实瓜类霜霉病病菌可在冬季生长的温室黄瓜上越冬，所以瓜类霜霉病的侵染循环主要是在黄瓜霜霉病流行系统内完成，种植区中发生了霜霉病的黄瓜温室附近的甜瓜最先感病，当经过几代繁殖达到一定的菌量后，作为次生菌源地，向下一个种植区提供侵染病菌，依次向更远的种植区传播，流行区系内，甜瓜霜霉病的发生程度，除受该区系内的降水量和降雨日数影响外，就是离初侵染源的距离。

5. 防治措施

（1）农业防治。因地制宜选择优质、抗性好的品种。选择地势高、排水好的田块，避免与瓜类作物连作，尤其不要与黄瓜连作、邻作或混作。适宜的茬口为葱蒜茬，可与禾本科作物实行3～5年轮作。合理密植，加强通风，合理灌溉，温室、大棚采用滴灌技术、全地膜覆盖技术（采用正面银灰色、背面黑色的地膜），可以防止水分从地表蒸发上来后造成空气湿度过大。浇水应选择晴天上午进行，严禁大水漫灌，若遇连阴雨雪天气，不可进行浇水；下雨天防止雨水进棚，如雨后积水应及时排出，以免植株、叶片长时间浸在积水中，为病菌萌发创造有利条件。增施有机肥，注意氮、磷、钾合理配比。进行整枝打杈。

（2）物理防治。选择晴天上午进行，尽量保持土壤湿度，空气湿度80%以上，将棚室密闭升温至44～46℃，高温处理1h对霜霉病有很好的闷杀效果。温度不可超过48℃，以免灼伤叶片。

（3）营养防治。甜瓜开花后，每亩用尿素0.2kg加红糖或白糖0.5kg，兑水50kg叶面喷施，连喷4～5次；也可每亩用0.1%尿素加0.3%磷酸二氢钾混合液50kg喷施，或甲壳素1 000倍液、芸薹内酯1 500倍液、爱多收600倍液喷雾，以增强植株抗病能力，预防发病。

（4）生物防治。芽孢杆菌菌株Z-X-3、Z-X-10对甜瓜霜霉病孢子囊萌发有较强的抑制力。枯草芽孢杆菌菌株FCL2，其发酵液对甜瓜枯萎病、霜霉病、白粉病都有较好的抑制作用。

（5）化学防治。阴雨天宜选用烟雾法（每亩用45%百菌清烟剂200～250g，分放在棚内4～5处，暗火点燃，发烟时闭棚，熏1夜，翌日清晨通风，隔7d熏1次）、粉尘法（在发病初期，傍晚用喷粉器喷撒5%百菌清粉尘剂、10%防霉灵粉尘剂，用量为1kg/亩，隔9～11d喷1次）进行预防；晴天宜采用喷雾法（72%霜脲锰锌可湿性粉粉600～700倍液）进行防治。

九、甜瓜细菌性果斑病

1. 病原

病原为西瓜嗜酸菌（*Acidovorax citrulli*），菌体短杆状，大小（1～5）μm×（0.2～0.8）μm，极生单鞭毛，革兰氏阴性，乳白色、半透明、光滑菌落。

2. 为害症状

叶片和果实均可感染。叶片上病斑较小，暗棕色，周围有黄色晕圈，通常沿叶脉发展。果实上的症状因品种而异，开花后14～21d果实容易感染。典型的病症是果实朝上的表皮，先出现水浸状小斑点，后扩大为不规则的较大的橄榄色水浸状斑块，病斑边缘不规则，颜色加深，7～10d布满除接触地面的整个果面。初期表皮上有暗绿色的圆形或卵圆形水浸状的稍凹陷病斑，果肉组织仍正常。天气晴朗，设施内空气湿度较小时，果实表面水浸状小点成疮痂状，切开病瓜，可见受侵染部位呈棉絮状坏死。当天气阴暗，设施内湿度较大时，果实表面水浸状小点变成黄褐色，病斑扩大，并向果实内部发展，边缘部位呈棕褐色，果肉组织腐烂。

甜瓜细菌性果斑病症状

3. 传播途径

甜瓜细菌性果斑病的远距离传播主要依赖于种子带菌传播。病菌可附着在种子表面，播种后，病菌可随着种子的萌发，侵染子叶进而感染幼茎和其他叶片。移栽定植后，病菌可以借助设施内的喷灌或大水漫灌，以及人员走动、嫁接、打杈、授粉等农事活动，经植株的微小伤口或气孔侵入，对其他植株进行感染，造成多次再侵染。设施内的高温、高湿环境条件，可促使病害迅速蔓延。

4. 发生规律

病菌主要在种子和土壤表面的病残体上越冬，成为翌年的主要初侵染源。田间的自生瓜苗、野生南瓜等也是该病菌的宿主及初侵染源。病菌主要通过伤口和气孔侵染。病斑上的菌脓借雨水、风、昆虫、嫁接及农事操作等途径传播，形成多次再侵染。田间病残体分解腐烂后，细菌随即死亡。细菌性果斑病在温暖潮湿的环境中易暴发流行，特别是炎热季节伴随暴风雨的条件，有利于病原菌的繁殖和传播流行。

5. 防治措施

（1）检疫。瓜类细菌性果斑病被列为中国入境检疫性有害生物，要加强其检疫措施，严防病原菌随种子侵入。

（2）农业防治。选用抗病品种，一般果皮颜色浅的品种易感病，选择无果斑病发生的地区作为制种基地，并采取严格隔离措施，以防止病原菌感染种子。用1%盐酸漂洗种子15min，或15%过氧乙酸200倍液处理30min，或30%双氧水100倍液浸种30min，杀灭种子表面的病原菌。避免种植过密、植株徒长，合理整枝，减少伤口，平整地势，滴水灌溉，清除杂草，及时清除病株及疑似病株；与非葫芦科作物进行3年以上轮作。

（3）化学防治。发病初期用3%中生菌素可湿性粉剂500倍液，或有效浓度为200mg/L的新植霉素，或77%氢氧化铜可湿性粉剂1 500倍液，或20%叶枯唑可湿性粉剂600～800倍液，或20%异氰尿酸钠可湿性粉剂700～1 000倍液，或50%琥胶肥酸铜可湿性粉剂500～700倍液，每隔7d喷施1次，连续喷2～3次。

十、西瓜枯萎病

1. 病原

病原为尖孢镰刀菌西瓜专化型（*Fusarium oxysporum* f. sp. *niveum*），该菌属瘤座孢科，镰刀菌属。镰刀菌属通过产生大分生孢子、小分生孢子、菌核进行无性繁殖。大分生孢子呈镰刀或独木舟形状的孢子，多数为3个隔膜；小分生孢子比大分生孢子小得多，通常呈椭圆形或肾形；它们通常是无菌的并且在菌丝体上形成。大分生孢子、小分生孢子和厚垣孢子能使镰刀菌在不利条件下生活多年。

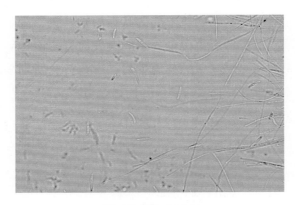

西瓜枯萎病病原菌

2. 为害症状

苗期至成株期均可发生枯萎病，以开花至结瓜期发病率最高。该病的典型症状就是萎蔫。发病初期，部分或一个侧蔓的叶片，从下向上，缺水状似的逐渐萎蔫下垂；中午烈日下萎蔫尤为明显，早晚时分萎蔫叶片尚可恢复舒展。而后，萎蔫部位或叶片从下向上逐渐增多，持续3～5d后，萎蔫症状逐渐蔓延及全株，整株叶片全天都似枯萎状凋萎下垂，不再恢复正常，最后枯死。

发病植株的近地面茎蔓表皮粗糙，出现纵裂，湿度大时，茎秆呈水渍状褐色腐烂纵裂，表面出现灰白色或粉白色霉层。检查病株可见根部白色须根少，发病部位维管束变黄褐色至深褐色，维管束褐变过程与叶片萎蔫相同，也是从下向上逐步扩展，逐渐遍及全株。

西瓜枯萎病症状

3. 传播途径

病菌可通过根部伤口或根冠细胞间隙侵入寄主，先在根部和茎部的薄壁组织中繁殖蔓延，然后进入木质部和维管束，在导管内上下纵向发育，分泌毒素破坏细胞，导致导管堵塞，影响水分运输，引发植株萎蔫与枯萎。

4. 发生规律

除了种子带菌外，土壤、农残体或未腐熟的有机肥中越冬的病菌是翌年重要侵染来源。侵染寄主中的病原菌可通过灌水、风雨、土壤耕作、整枝或绑蔓等农事操作进行再侵染与传播蔓延。该病菌喜欢温暖环境，孢子萌发适宜温度为24～32℃，28℃最适菌丝体生长，土壤温度24～25℃最易发病。根系发育不良、根部受伤、连作、土壤质地黏重、土壤过分干旱的地块发病严重，另外，土壤酸化、秧苗老化、沤根也易加重发病。

5. 防治措施

以农业防治为主，化学防治为辅的方法。

（1）地块选择。前茬未发生过该病且通气性好的地块种植，特别是3年以上未种过西、甜瓜的土地为佳，避免连作引发病害。

（2）土壤消毒。种植田提前1个月进行高温杀菌消毒。去除所有农作物残体，地表撒施一层生石灰或者35%威百亩水剂20～40kg/亩，深翻土壤后，地表用塑料膜覆盖严实，灌水淹没农田，50℃以上高温高湿厌氧灭菌15～20d。之后，除去塑料膜，待土壤湿度合适时，施加基肥，深翻土壤，增加土壤通气性，培养土壤中的有益微生物数量。根据土壤肥力情况，每亩施用有机肥400～500kg、尿素15～20kg、过磷酸钙70～80kg、硫酸钾30～40kg。切记一定使用充分腐熟、无气味、无飞虫的有机肥料。

（3）选用抗病性强的品种。采用抗枯萎病能力强的南瓜砧木，通过嫁接促进根系发育。播种前种子消毒，用70%噁霉灵可湿性粉剂100倍液浸种2～3h。移苗定植时尽量不伤根，可用300亿/g枯草芽孢杆菌1 000倍液和50%多菌灵可湿性粉剂300倍液快速蘸根，淹没根茎部，进行枯萎病预防。

（4）水肥管理。及时补充水肥，培养健壮植株，保持营养生长和生殖生长齐头并进，及时摘除细弱的侧枝。尽量避免大水漫灌，避免土壤过

南繁区主要病虫害 原色图谱

干过湿。

（5）药剂灌根。发现零星发病单株，及时将发病植株从农田连根拔除，然后将病残体远距离深埋。拔除病株的根穴及周围植株根部连续撒施杀菌剂2~3次，防止病菌蔓延。推荐使用噁霉灵、甲霜·噁霉灵、多·福等药剂。10d左右灌根1次，连续灌根2~3次。

十一、西瓜蔓枯病

1. 病原

病原为瓜类黑腐球壳菌［*Didymella bryoniae*（Auessw.）*Rehm.*］，属子囊菌亚门真菌。分生孢子器球形至扁球形，黑褐色，顶部呈乳状突起，孔口明显。分生孢子短圆形至圆柱形，无色透明，两端较圆，初为单胞，后产生1~2个隔膜，分隔处略缢缩。子囊壳细颈瓶状或球形，黑褐色。子囊孢子短粗形或梭形，无色透明，1个分隔。

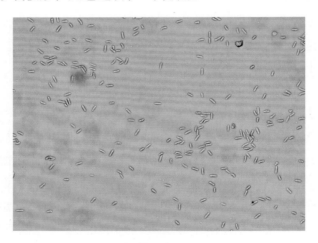

西瓜蔓枯病病原菌

2. 为害症状

叶子受害时，最初出现黑褐色小斑点，以后成为直径1~2cm的病斑。病斑为圆形或不规则圆形，黑褐色或有同心轮纹。发生在叶缘上的病斑，一般呈弧形。老病斑上出现小黑点。病叶干枯时病斑呈星状破裂。连续阴雨天气，病斑迅速发展可遍及全叶，叶片变黑而枯死。蔓受害时，最初产生水浸状病斑，中央变为褐色枯死，以后褐色部分呈星状干裂，内部呈木栓状干腐。

蔓枯病与炭疽病在症状上的主要区别是：蔓枯病病斑上不产生粉红色黏物质，而生有黑色小点状物。

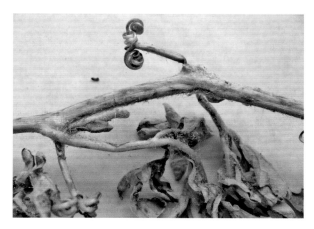

西瓜蔓枯病症状

3. 传播途径

西瓜蔓枯病病菌主要附着在病害部位越冬，在翌年温度、湿度适宜时，借风吹或雨溅进行传播。西瓜蔓枯病主要经过伤口侵入西瓜植株内引起发病。

4. 发生规律

西瓜蔓枯病以病菌的分生孢子器及子囊壳附着于病部混入土中越冬。翌年温湿度适合时，散出孢子，经风吹、雨溅传播为害。种子表面也可以带菌。病菌主要经伤口侵入西瓜植株内部引起发病。病菌在 5～35℃ 的温度范围内部可侵染为害，20～30℃ 为发育适宜温度，在 55℃ 温度范围内都可侵染为害。高温多湿，通风透光不良，施肥不足或植株生长弱时，叶片受害严重。叶片受害初期出现褐色小斑点，逐渐发展为直径 1～2cm 有同心轮纹的不规则圆斑，以叶缘为多。老病斑出现小黑点，干枯后呈星状破裂。茎蔓和果实受害开始也为水浸状病斑，中央部分变褐枯死，而后呈星状干裂，成为木栓状干腐。

5. 防治措施

（1）选用无病种子。要从远离病株的健康无病植株上采种。对可能带菌的种子，要进行种子消毒处理。对种子消毒可选用36%三唑酮多悬浮剂100倍液浸种30min，或50%复方多菌灵胶悬剂500倍液浸种60min，或用55℃温水浸种20min。也可用种子量0.5%的37%抗菌灵可湿性粉剂拌种，对蔓枯病有较好的预防作用。

（2）加强栽培管理。创造较干燥、通风良好的环境条件，并注意合理施肥，使西瓜植株生长健壮，提高抗病能力。要选地势较高、排水良好、肥沃的沙质壤土种植。防止大水漫灌，雨后要注意排水防涝。及时进行植株调整，使之通风透光良好。施足基肥，增施有机肥料，注意氮、磷、钾肥的配合施用，防止偏施氮肥。发现病株要立即拔掉烧毁，并喷药防治，防止继续蔓延为害。

（3）苗床土壤处理。每立方米土用50%的多菌灵可湿性粉剂80～120g，混匀后做育苗土，或用50%甲霜灵可湿性粉剂每平方米土壤用药8～12g，兑细土8～10kg制成药土，上盖下垫，可预防该病。育成苗移栽前3～5d用36%三唑酮多悬浮剂每亩100g兑水50kg喷雾，或20%施宝灵乳油2 000倍液喷于苗床，带药移栽，可减轻大田前期发病为害。

（4）合理轮作。合理轮作可减轻蔓枯病的发生。避免连作，选择光线充足、通风良好、便于排水的地块栽培；防止过湿，根附近的叶片要摘除，以利通风；及时清理病株茎叶，深埋或烧毁；高畦栽培，覆盖地膜，膜下浇水。

（5）药剂防治。已经发生过蔓枯病的西瓜地，要在蔓长30cm时开始喷药。初发现病株的地块，要立即喷药，药剂可用40%福星乳油8 000倍液，或20%氟硅唑咪鲜胺800倍液，或75%百菌清可湿性粉剂600倍液，或56%嘧菌酯百菌清800倍液，每隔5～7d喷1次，连喷2～3次。还可用70%甲基硫菌灵可湿性粉剂800～1 000倍液，或80%代森锌可湿性粉剂800倍液，或70%代森锰锌可湿性粉剂500倍液，或50%混杀硫悬浮剂500倍液，或50%多硫胶悬剂500倍液，或36%甲基硫菌灵胶悬剂400倍液，每7～10d喷1次，连喷2～3次。

十二、西瓜炭疽病

1.病原

病原为瓜类炭疽病菌［*Colletotrichum lagenarium*（Pass.）Ell. et Halst］，属半知菌亚门，黑盘孢目，毛盘孢属。

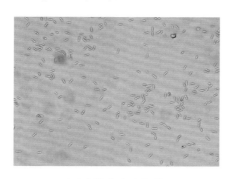

西瓜炭疽病病原菌

2.为害症状

主要为害叶片，也可为害茎蔓、叶柄和果实。幼苗受害子叶边缘出现圆形或半圆形褐色或黑褐色病斑，外围常有黑褐色晕圈，其病斑上常散生黑色小粒点或淡红色黏状物。近地面茎部受害，其茎基部变成黑褐色且缢缩变细猝倒。瓜蔓或叶柄染病，初为水浸状黄褐色长圆形斑点，稍凹陷，后变黑褐色，病斑环绕茎一周后，全株枯死。叶片染病，初为圆形或不规则形水渍状斑点，有时出现轮纹，干燥时病斑易破碎穿孔。果实染病初为水浸状凹陷形褐色圆斑或长圆形斑，常龟裂，湿度大时病斑上产生粉红色黏状物。

西瓜炭疽病症状

3. 传播途径

西瓜炭疽病是由瓜类炭疽病菌（通常为瓜类炭疽病生理小种1或3）引起的，发生在西瓜的病害。病菌在病斑上或潜伏在叶组织内越冬，由风雨、水滴滴溅传播，伤口有利于其侵入。

4. 发生规律

西瓜炭疽病是由半知菌亚门毛盘孢属真菌侵染所致，其发病最适温度为22～27℃，10℃以下、30℃以上病斑停止生长。病菌在残棵或土里越冬，翌年温湿度适宜时，越冬病菌产生孢子，开始初次侵染。附着在种子上的病菌可以直接侵入子叶，引起幼苗发病。病菌在适宜条件下，再产生孢子盘或分生孢子，进行再次侵染。分生孢子主要通过流水、风雨及人类生产活动进行传播。摘瓜时，果实表面若带有分生孢子，贮藏运输过程中也可以侵染发病。炭疽病的发生和湿度关系较大，在适温下，相对湿度越高，发病越重。相对湿度在87%～95%时，其病菌潜伏期只有3d，湿度越低，潜伏期越长，相对湿度降至54%以下时，则不发病。此外，过多施用氮肥，排水不良，通风不好，密度过大，植株衰弱和重茬种植，发病严重。

5. 防治措施

炭疽病的防治应重点选用抗病品种，种子消毒，培育无病壮苗。实行轮作，合理施肥，减少氮素化肥用量，增施钾肥和有机肥料。地面全面覆地膜并要加强通风调气，降低室内空气湿度至70%以下。合理密植，科学整枝，防止密度过大，以降低室内小气候湿度。科学使用杀菌农药，并抓好生育期的保护。

十三、番木瓜炭疽病

1. 病原

病原为 *Colletotrichum*，分生孢子透明无隔，呈月牙形、棒形或圆柱形，顶端钝圆，略扁平，壁光滑，大小为（12.11～19.86）μm ×（3.7～6.1）μm，萌发产生褐色附着胞，菌落呈白色，中心呈墨绿色，边缘整齐且气生菌丝发达。

番木瓜炭疽病病原菌

2. 为害症状

主要为害果实，该病害发病初期果面出现圆形水渍状病斑，随后病斑中心凹陷，颜色变深，病斑范围逐渐扩大，形成中心凹陷的褐色病斑，发病后期为黑色病斑，表面覆盖白色气生菌丝，导致果实腐烂。

番木瓜炭疽病症状

3. 传播途径

病原菌以菌丝在病株残体组织内越冬，或分生孢子附着于种子表面，或以菌丝潜伏在种子内部越冬。播种带菌种子，可引起幼苗染病，在子叶或幼茎上产出分生孢子，借雨水、昆虫传播。病株残体内越冬的菌丝体，在适宜条件下产生分生孢子，引起田间初次侵染。发病后病斑上产生大量分生孢子，借风、雨、昆虫或农事操作传播进行再侵染。分生孢子萌发后产生芽管，从伤口或直接从寄主表皮侵入，经4～7d潜育即出现病害症状。

4. 发生规律

病菌喜高温和潮湿，发育的最适温度一般为12～34℃，不同生理小种病菌的最适发育温度有差异。相对湿度在95%以上时，分生孢子才能萌发。有露、雾大，易发此病。此外地块潮湿、排水不良、种植过密、株行间通风透光差、肥料不足或偏施氮肥、果实受损伤而造成日灼伤等，均易加重病害的发生。一般过成熟果实容易受害，幼果很少发病。

5. 防治措施

（1）种植抗性品种，选用无病种子，或播种前用种子重量0.4%的50%多菌灵进行消毒处理。及时合理追肥，促使植株生长旺盛，提高抗病力。

（2）果实带柄采摘，轻拿轻放。收果后炭疽病引起果实腐烂，可采用46～48℃热水浸果20min来防治此病。

（3）及时清除病残植株，进行集中烧毁或深埋，减少越冬菌源。

（4）药剂防治。大田发病期定期使用杀菌剂，尤其在花蕾期至幼果期应喷药保花保果。药剂可用25%咪鲜胺乳油500～1 000倍液，从花蕾期至采果前10d每隔7～10d喷1次。在病害流行季节（一般为8—9月），应使用有效农药控制病害的发展。如50%多菌灵1 000～1 500倍液，75%百菌清500～800倍液，70%甲基硫菌灵1 500倍液。美国夏威夷用50%代森锰300～500倍液防治本病，获得较好的防效。

采收后的果实可用50%多菌灵100倍液浸泡1min，晾干后，先以20℃预冷处理24h，青果可转到10℃，熟果可转到7℃以下保存。但青果在低于15℃下冷藏天数不能超过7d，否则无法成熟。

十四、豇豆锈病

1. 病原

病原为豇豆单胞锈菌（*Uromyces vignae* Barclay），为专性寄生的单主寄生全型锈菌，属担子菌纲，锈菌目，柄锈科，真菌。夏孢子椭圆形，黄褐色，单胞，表面具细刺，大小（21.1～31.7）μm×（18.7～24.3）μm；冬孢子球形，褐色，单胞，大小（26.4～33.6）μm×（21.8～27.4）μm。喜温暖潮湿的环境。发病温度范围21～32℃，最适宜的发病环境，温度为23～27℃，相对湿度95%以上，最适感病生育期为开花结荚到采收中后期。发病潜育期7～10d。夏孢子侵入时需高湿，且夏孢子在10～30℃温度范围内萌发，适宜温度为16～22℃。

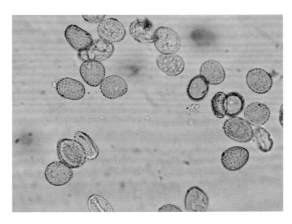

豇豆锈病病原菌

2. 为害症状

多为害较老的叶片，叶柄、茎和豆荚也有发生。发病早期，叶片褪绿，初生黄白色隆起斑点，而后斑点逐渐扩大，形成锈褐色疱斑，表皮破裂，散出红（黄）褐色粉末状物。多发生在叶片背面，严重时在叶面上也斑点密集。后期在斑点处或病叶其他部位上产生黑色斑。在叶片正面及茎、豆荚上产生黄色斑点，以这些斑点为中心（茎、荚）或在叶片背面产生橙红色隆起斑点，蔓延症状，可致叶片干枯脱落，使植株早衰，进而减产。

3. 传播途径

病原孢子成熟后依靠气流传播接触寄主，实现侵染。同病株残体留在土壤中越冬，遇适宜条件，萌发产生担孢子，通过气流传播至豇豆叶片，引起初侵染，然后在受害部位形成病斑，病部产生性孢子和锈孢子。锈孢子成熟后，借气流传播到豇豆健康部位，进行再侵染形成夏孢子，通过气流在田间侵染传播，直到产生病株残体。

4. 发生规律

在植株整个生长期间，夏孢子侵染是豇豆锈病菌最主要的为害阶段和决定病害流行程度的重要时期。在适温范围内，寄主植物表面具备水滴是锈病菌夏孢子萌发和侵入的必要条件。早晚重露、多雾易诱发本病。地势低洼、排水不良、种植过密、偏施氮肥，会致使发病较重。

豇豆锈病症状

5. 防治措施

（1）生态防治。收获后要及早深翻，疏松土壤。耕深40cm以上，翻地时间不能晚于定植前20d。与茄科、葫芦科等轮作2年以上。播种前将前茬枯枝败叶带出焚烧或深埋。选择抗病品种种植，施足底肥使植株生长旺盛，提高自身抵抗力。

（2）化学防治。大面积发生的豇豆锈病很难防治，需及时用药防治。发病初期，使用3亿CFU/g哈茨木霉菌叶部型，300倍液喷雾，连续

2～3次。用乙唑醇喷雾，隔6d，连续2～3次，或用戊唑醇喷雾，隔6d，连续2～3次。发生较严重时用凯润均匀喷雾，隔4d再喷1次，连喷2～3次。

收获后集中烧毁病残体，消灭越冬菌源。喷洒杀菌剂：50%萎锈灵可湿性粉剂1 000倍液；65%代森锌可湿性粉500倍液；70%甲基硫菌灵可湿性粉剂1 000倍液；50%多菌灵可湿性粉800～1 000倍液；20%粉锈宁乳油1 500～2 000倍液，每隔10d左右喷药1次，共2～3次。

十五、苦瓜白粉病

1. 病原

病原为单囊壳白粉菌（*Sphaerotheca fuliginea*），属子囊菌亚门，不整囊菌纲，五桠果亚纲，白粉菌目，白粉菌科，单囊壳属，真菌。分生孢子为无色透明，卵圆形，圆柱形，单胞，胞壁光滑，具有纤维状体。分生孢子大小（26～45）μm×（13～24）μm。闭囊壳生于白色至淡灰色的菌丝表面，较常见，直径70～120μm。闭囊壳内只有一个子囊，卵圆形或近圆形，无小柄，大小（63～98）μm×（46～74）μm。每个子囊内有8个单细胞，无色，椭圆形的子囊孢子，大小（15～26）μm×（12～17）μm。

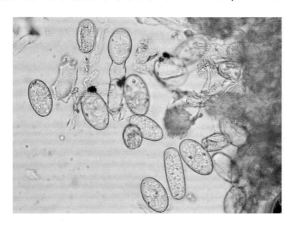

苦瓜白粉病病原菌

2. 为害症状

主要为害苦瓜的叶片，叶柄和茎次之，果实较少发病。表现为在叶片正反面褪绿，出现白色病斑，为近圆形白粉状斑点。随着病情的发展，白色病斑变大，病斑变黄、中间长出黑色小斑点，使叶片变黄，干枯直至脱落。病害发生严重时，可使植株生长及结瓜受阻，缩短植株生育期，降低苦瓜产量。

苦瓜白粉病症状

3. 传播途径

以分生孢子进行初侵染，植株受害部位产生分生孢子，分生孢子通过气流传播与植株接触后萌发，在受染位置形成网状菌丝体，可观察到白色病斑，侵染丝直接从叶片表皮细胞侵入，实现再侵染。

4. 发生规律

苦瓜整个生育期都可感染该病，主要为害叶片，茎与叶柄次之，果实不易发病。叶多发生在结瓜期和成熟期，于生长中后期易暴发。发病时多从植株下部老叶向上感染，蔓延速度较快。通常情况下，在高温干燥的气候条件下，苦瓜白粉病病菌更容易传播，湿度过大，苦瓜植株的发病率提升，但是当苦瓜植株的叶片留存大量水珠或者外界的降水量过大时，孢子因为吸水膨胀，易破裂。

5. 防治措施

以选用抗病品种和加强栽培管理为主，结合药剂防治的综合防治措施。

（1）选用抗病品种。因地制宜选择早熟、生长势强、抗病性好的品种，且雌花开放早、坐瓜节位低，前期产量和总产量均高的杂交一代品种。

（2）加强栽培管理。注意田间通风透光，降低湿度，加强肥水管理，定期灌溉与施肥，严格控制苦瓜种植密度，土壤瘦瘠时施加适量的氮肥，防止植株徒长和脱肥早衰等。在生长期间，也要避免偏施氮肥，应适当增施磷、钾肥，提高植物抗病力。发现白粉病叶时，及时摘除并销毁。温室栽培时注意通风换气，可摘除老黄叶片以便通风。露地栽培时，应避免在低洼、通风不良的园地种植。

（3）种子消毒。使用55℃的温水浸泡种子，在自然条件下冷却，冷却时间通常为12h。播种前，可以使用高脂膜拌种，保证种子能快速发芽。

（4）土壤消毒。移栽前对大田土壤和有机肥进行灭菌消毒。耕地前充分晒白土壤，在耙地时每亩施生石灰75kg，或均匀喷施1∶1∶150的石硫合剂。作基肥用的农家肥要充分堆沤至腐熟，再用生石灰进行消毒后再施用。

（5）棚室消毒。定植前几天将棚室密闭，每立方米用硫黄粉2.5g、锯末5g，拌匀后分别装入小塑料袋中，分放在室内，于晚上点燃烟熏一夜。

（6）化学防治。浓度为25%的乙嘧酚750倍液防治苦瓜白粉病的效果较好。

发病初期及时充分喷药，叶面、叶背都喷到。喷后如遇雨天则于雨后及时补喷。喷后需注意检查药效，以达到最好的防治效果。可在有效浓度内，喷至叶的正面和背面都湿透，叶片有水滴落为宜。保护地可采用烟雾剂熏蒸，每亩用45%百菌清烟200～250g，分别放置在棚内4～5处，用暗火点燃，发烟后闭棚，熏蒸1晚上，翌晨通风，隔7d熏1次。

十六、根结线虫病

1. 病原

病原为根结线虫（Meloidogyne），属侧尾腺纲，垫刃目，是一种高度专化型的杂食性植物病原线虫。两性显著异形，无胞囊阶段。成熟雌虫前端为短颈，其余膨大为球形或长梨形等。角质膜环纹细，会阴区环纹扭曲或断裂成特异的指纹状线纹（通称会阴花纹）。口针长12～15μm。食道垫刃型。双生殖管，卷曲。阴门端生，肛门邻近阴门，无尾。卵产于卵囊中。雄虫线状，发育中有形变。唇区不缢缩，唇盘清晰。口针长18～25μm。食道与雌虫相似。雄性交合刺纤细，一般长25～33μm。缺交合伞，尾极短，端圆。2龄幼虫线状，口针纤细，长不及20μm。尾部有明显的无色区，尾端窄。根结线虫分布广且种类繁多，该属有近100个有效种。寄主繁多，是最主要的植物病原线虫，在热带地区为害特别严重。

沉香根结线虫病症状

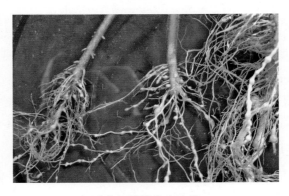

番茄根结线虫病症状

2. 为害症状

为害根部，受害植株普遍根上产生球状根结。细根及粗根各部位产生大小不一的不规则瘤状物，即根结，初为白色，外表光滑，后呈褐色并破碎腐烂。根结的大小与线虫种类和寄主有关。有的会在根结上长出须根。线虫寄生后根系功能受到破坏，地上部分多无特异性症状，表现为营养不良，植株矮小，生长衰弱、变黄，影响产量，严重时可使植株萎蔫死亡。

番石榴根结线虫病症状

海巴戟根结线虫病症状

黄瓜根结线虫病症状

水稻根结线虫病症状

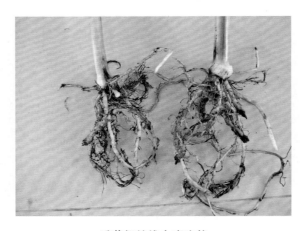

香蕉根结线虫病症状

3. 传播途径

根结线虫主要依靠被动扩散传播,借助病土、病株残体、灌溉水、农具等进行近距离传播,通常借助于流水、病土搬迁和病苗调运等进行远距离传播。

4. 发生规律

以成虫、卵在病残体上或以幼虫在土壤中越冬,病原线虫在土壤中,或以附着在种根上的幼虫、成虫及虫瘿为翌年的初次侵染源。线虫为害的根部易产生伤口，诱发根部病原真菌、细菌的复合侵染，加重为害。一般适合寄主植株生长的环境也适合根结线虫的繁殖，根结线虫在一个作物生长季节内能完成几个世代。

5. 防治措施

加强植物检疫，保护无病区，病区以农业防治为基础，辅以药剂防治。

（1）加强检疫。对新引入的植株品种，必须经检疫机构检疫合格后，并到指定的地点隔离试种，然后再进行种植。

（2）保护无病区。选择无病地建立无病育苗圃，采用无病壮苗或抗性品种进行种植。改善灌溉条件，采用地下水灌溉，改善排水设施，杜绝外来污染水流入，避免串灌以防止水流传播。定期清理苗圃场，清除已枯死的植株和苗圃内外的杂草、杂树。

（3）病区处理。对病区进行土壤消毒处理，对根结线虫严重发生的地块，深翻土壤，采用稻草30～35kg/hm²、生石灰15～20kg/hm²与土壤混匀，用1～2层塑料薄膜覆盖地面，利用夏季高热、日光消毒。一方面，可以杀死大部分线虫；另一方面，可以将植物残体分解。施用腐熟的有机肥，合理灌水，增强植株抗病性；收获后及时清除病根、病株残体、杂草，集中烧毁，清洁种植区，减少侵染源，防止病害扩散；对使用过的农具进行消毒。辅以化学药剂防治，化学防治是根结线虫病害最主要的防治措施，目前市场上销售的防治根结线虫的药剂很多，主要包括氯化苦、噻唑膦、灭线磷、阿维菌素、克百威、溴甲烷、三唑磷、伏杀硫磷、二硫氰基甲烷、辛硫磷等。

十七、番茄病毒病

1. 病原

目前，海南番茄上的病毒主要为菜豆金色花叶病毒属（*Begomovirus*）病毒、番茄斑驳花叶病毒（Tomato mottle mosaic virus，ToMMV）、番茄褪绿病毒（Tomato chlorosis virus，ToCV）、黄瓜花叶病毒（Cucumber mosaic virus，CMV）、烟草花叶病毒（Tobacco mosaic virus，TMV）、番茄花叶病毒（Tomato mosaic virus，ToMV）、南方番茄病毒（Southern tomato virus，STV）等，这些病毒可以单独或复合侵染番茄。

2. 为害症状

番茄受病毒侵染后主要表现为8种典型症状。

（1）花叶型。叶片呈深浅相间的花叶，经常伴随皱缩、扭曲、叶脉坏死等症状。

（2）曲叶型。叶片边缘上卷呈杯状。

（3）小叶型。叶片变小，常伴随花叶、轻微皱缩和植株矮化等症状。

（4）蕨叶型。叶片变窄，边缘微卷，严重时呈线状。

（5）卷叶型。叶片脆硬，边缘上卷，常伴随叶缘黄化坏死。

（6）黄化型。中上部叶片黄化，逐渐白化。

（7）条斑型。中下部叶片脉间首先出现淡黄色斑块，逐渐变为红褐色坏死条斑，叶片枯死。

（8）皱缩型。叶片皱缩，伴随轻微褪绿。植株若在早期感染病毒病，经常表现矮化，果实瘦小、易开裂，多呈花脸状。

花叶

曲叶

小叶

蕨叶

卷叶　　　　　　　　　　　　黄化

条斑　　　　　　　　　　　　皱缩

3. 发生规律

菜豆金色花叶病毒属（*Begomovirus*）病毒主要由烟粉虱（*Bemisia tabaci*）以持久方式传播；ToMMV、TMV和ToMV主要通过机械接种传播；ToCV只能通过烟粉虱（*Bemisia tabaci*）、温室白粉虱（*Trialeurodes vaporariorum*）、纹翅粉虱（*Trialeurodes abutilonea*）和银叶粉虱（*Bemisia argentifolii*）以半持久方式传播；CMV主要由多种蚜虫以非持久的方式传播，也可以通过种子和机械接种进行传播；STV主要通过种子传播。上述病毒在田间可单独或复合侵染番茄，菜地周边杂草、病株残体、带毒昆虫、土壤、种子是病毒的主要初侵染源，高温干旱有利于病毒病的发生，连作番茄地一般发病严重。

4. 防治措施

（1）农业防治。因地制宜的选用抗（耐）病品种，与非寄主作物（如水稻、玉米）轮作。采用10%磷酸三钠溶液浸种0.5～2h，清水冲洗干净后，再催芽播种。培育无病壮苗，加强水肥管理，做好田园卫生。幼苗期发现病株，应及时连根拔除。田间整枝、打蔓、采摘时，病株和健株分开进行操作，避免农事操作传播病毒。

（2）防控介体昆虫。田间悬挂黄板诱杀烟粉虱、蚜虫等，黄板悬挂高度基本与植株顶端相平，每亩悬挂20～25块板；在虫害发生初期，喷施28%阿维·螺虫酯悬浮剂1 500～3 000倍液，或25%噻虫嗪水分散粒剂2 000～4 000倍液，或5%高氯·啶虫脒乳油700～800倍液，注意药剂的轮换使用。

（3）化学防治。番茄定植后喷施5%氨基寡糖素水剂600～800倍液，或0.5%香菇多糖水剂100倍液1次，可提高番茄抗病毒的能力。发病初期可喷施20%吗胍·乙酸铜可湿性粉剂100～200倍液，或0.5%几丁聚糖水剂300～500倍液，或30%毒氟磷300～400倍液，或0.1%大黄素甲醚水剂300～500倍液等，每7～10d喷施1次，连喷3～4次，对病毒病的发生有减缓作用。

十八、辣椒病毒病

1. 病原

目前海南辣椒上的病毒主要为CMV、TMV、甜椒脉斑驳病毒（Pepper veinal mottle virus，PVMV）、辣椒脉斑驳病毒（Chilli veinal mottle virus，ChiVMV）、辣椒环斑病毒（Chilli ringspot virus，ChiRSV）、辣椒轻斑驳病毒（Pepper mild mottle virus，PMMoV）、辣椒叶脉黄化病毒（Pepper vein yellows virus，PeVYV）等。

2. 为害症状

辣椒受病毒侵染后主要表现5种典型症状。

（1）花叶型。主要表现为深浅相间的斑驳。叶面常凹凸不平、皱缩、有疱斑。

（2）黄化型。脉间褪绿黄化，或中上部叶片均匀黄化，或黄色脉带。

（3）丛簇型。花叶，少分枝，植株矮小。

（4）畸形型。叶片皱缩、扭曲、变小或呈蕨叶状。

（5）皱缩型。叶片皱缩，严重时，叶脉也表现皱缩。植株若在早期发病，植株易发生矮化，果实瘦小、僵化，果面凹凸不平，出现浓淡相间斑驳。

花叶　　　　　　　　　　　　黄化

丛簇　　　　　　　　　　　　畸形

皱缩　　　　　　　　果实黄绿相间斑驳

3. 发生规律

CMV、PVMV、ChiVMV、ChiRSV主要由多种蚜虫以非持久的方式传播，也可通过机械接种进行传播，CMV还可通过种子传播；TMV主要通过机械接种传播，也可通过种子传播；PMMoV主要通过种子和机械接种进行传播，种子带毒是远距离传播的主要途径。PeVYV主要由蚜虫以持久方式传播。持续的高温、干旱有利于蚜虫的繁殖，易导致病毒病的流行。周边毒源寄主多、种植过密、重茬、管理粗放的田块发病早且重。

4. 防治措施

（1）农业防治。因地制宜的选用抗（耐）病品种，与非寄主作物（如水稻、玉米）轮作。播种前将种子暴晒1d，再用清水浸泡1h后，换用10%磷酸三钠溶液浸种2h，清水洗净后，再催芽播种。培育无病壮苗，加强水肥管理，做好田园卫生。幼苗期发现病株，及时连根拔除。田间农事操作时，病株和健株分开进行，防止病毒通过接触传播。

（2）防控介体昆虫。田间悬挂黄板诱杀蚜虫等；在虫害发生初期，喷施14%氯虫·高氯氟微囊悬浮–悬浮剂1 500～2 000倍液，或1.5%苦参碱可溶液剂700～1 000倍液，或10%溴氰虫酰胺悬乳剂700～1 000倍液，注意各种药剂的交替使用。

（3）化学防治。辣椒定植后喷施5%氨基寡糖素水剂600～800倍液或0.5%香菇多糖水剂100倍液1次，可提高辣椒抗病毒的能力。发病初期可喷施8%宁南霉素300～400倍液，或20%吗胍·硫酸铜水剂300～500倍液，或6%烯·羟·硫酸铜可湿性粉剂800～1 500倍液等，每7～10d喷施1次，连喷3～4次，对病毒病的发生有减缓作用。

十九、黄瓜病毒病

1. 病原

海南黄瓜上的病毒主要为甜瓜黄斑病毒（Melon yellow spot virus，MYSV）、黄瓜绿斑驳花叶病毒（Cucumber green mottle mosaic virus，CGMMV）、黄瓜花叶病毒（Cucumber mosaic virus，CMV）、烟草花叶病毒（Tobacco mosaic virus，TMV）、瓜类褪绿黄化病毒（Cucurbit chlorotic yellows virus，CCYV）。

2. 为害症状

黄瓜受病毒侵染后主要表现为3种典型症状。

（1）花叶型。叶片表现浓淡相间花叶、黄斑、皱缩、疱斑、明脉、脉间褪绿、叶脉扭曲、曲叶等症状。

（2）黄化型。叶片均匀黄化或斑块状黄化，最后扩展到整片叶子黄化。

（3）皱缩型。叶片皱缩，边缘缢缩。植株若在早期发病，经常伴随植株矮化。

花叶

均匀黄化

斑块状黄化

皱缩

3. 发生规律

MYSV主要通过棕榈蓟马（*Thrips palmi*）以持久方式传播，可通过机械接种传播；CGMMV是典型的种传病毒，可通过机械接种传播；CCYV主要由B型和Q型烟粉虱（*Bemisia tabaci* biotype B and Q）以半持久方式进行传播；TMV主要通过机械接种传播，也可通过种子传播；CMV主要由多种蚜虫以非持久的方式传播，也可以通过种子和机械接种进行传播。

菜地周边杂草、病株残体、带毒昆虫、土壤、种子是病毒的主要初侵染源。高温干旱有利于蚜虫等传毒昆虫的繁殖，也会导致病毒病的流行。田块周边毒源寄主多，管理粗放的黄瓜地病毒病发病早且严重。连作黄瓜地一般发病严重。

4. 防治措施

（1）农业防治。因地制宜地选用抗（耐）病品种，与非寄主作物轮作。采用10%磷酸三钠溶液浸种3h，清水冲洗干净，或者在72℃干热处理72h，再催芽播种。培育无病壮苗，加强水肥管理，做好田园卫生。幼苗期发现病株，应及时连根拔除。田间整枝、打蔓、采摘时，病株和健株分开进行操作，避免农事操作传播病毒。

（2）防控介体昆虫。田间悬挂蓝、黄板诱杀蓟马、烟粉虱、蚜虫等；在虫害发生初期，喷施5%啶虫脒乳油600～700倍液，或22%氟啶虫胺腈悬浮剂1 500～2 000倍液，或65%吡蚜·螺虫酯水分散粒剂2 500～3 000倍液，或20%呋虫胺可溶粒剂800～1 500倍液，注意药剂的轮换使用。

（3）化学防治。黄瓜定植后喷施0.5%香菇多糖水剂100倍液1次，可提高黄瓜抗病毒的能力。发病初期可喷施2%宁南霉素250倍液，或20%吗胍·硫酸铜水剂500～800倍液，或30%毒氟·吗啉胍600倍液等，每7～10d喷施1次，连喷3～4次，对病毒病的发生有减缓作用。

参考文献

陈燕，2010. 3种稻飞虱形态与为害症状的比较[J]. 农技服务，27（4）：472，476.

邓金奇，朱小明，韩鹏，等，2021. 我国瓜实蝇研究进展[J]. 植物检疫，35（4）：1-7.

冯波，尹勇，封传红，等，2017. 稻显纹纵卷叶螟的形态特征及其与稻纵卷叶螟的比较[J]. 昆虫学报，60（1）：95-103.

黄健超，邝美玲，梁伟光，等，2021. 十字花科蔬菜害虫种类及综合治理技术[J]. 蔬菜（9）：58-61.

黄伟康，孔祥义，柯用春，等，2018. 普通大蓟马的研究进展[J]. 中国蔬菜（2）：21-27.

李富荣，王诚，2019. 瓜绢螟、瓜实绳为害特性与防治技术[J]. 长江蔬菜（15）：56-58.

李惠明，潘月华，1992. 瓜绢螟发生规律与测报防治技术[J]. 长江蔬菜（4）：19-20.

李生才，周运宁，郝赤，等，1998. 棉田有害生物综合治理[M]. 北京：中国农业科技出版社.

李元杰，张东敏，董加龙，等，2021. 郑州市瓜实蝇绿色综合防控技术[J]. 长江蔬菜（17）：58-59.

刘栋，江世宏，张国安，2005. 入侵红火蚁防治方法的研究进展[J]. 华中农业大学学报，24（4）：417-422.

刘杰，李天娇，姜玉英，等，2021. 2020年我国玉米主要病虫害发生特点[J]. 中国植保导刊，41（8）：30-35.

刘奎，许江，林上统，等，2010. 防治豇豆蚜虫和美洲斑潜蝇的田间药效试验[J]. 中国蔬菜（6）：63-66.

刘明月，帕提玛·乌木尔汗，徐韬，等，2021. 喷雾助剂改善22%氟啶虫胺腈悬浮剂物理性能及减量增效作用[J]. 植物保护，47（4）：258-263，281.

卢辉，符瑞学，唐继洪，等，2021. 无人机防控周年繁殖区草地贪夜蛾效果初探[J]. 中国植保导刊，41（2）：83-86.

卢辉，吕宝乾，刘慧，等，2020. 海南区域性有害生物的风险分析[J]. 热带农业科学，40（S1）：38-42.

卢辉，唐继洪，吕宝乾，等，2021. 海南冬季玉米种植区草地贪夜蛾种群动态调查[J]. 热带作物学报，42（6）：1764-1769.

卢辉，唐继洪，吕宝乾，等，2020. 性诱剂对热区草地贪夜蛾的诱捕效果[J]. 热带农业科学，40（S1）：1-5.

罗素兰，张圣经，长孙东亭，2003. 辣椒蚜虫种类的调查[J]. 生物学杂志（1）：22-24.

罗素兰，赵顺旺，长孙东亭，2003. 海南海口地区甘蔗蚜虫种类的调查[J]. 海南师范学院学报（自然科学版）（2）：84-87，56.

吕宝乾，郭安平，卢辉，等，2021. 南繁作物有害生物监测预警体系构建[J]. 热带农业科学，41（1）：106-112.

唐觉，李参，黄恩友，等，1995. 中国经济昆虫志（第四十七册，膜翅目，蚁科）[M]. 北京：科学出版社.

唐清杰，严小微，唐力琼，等，2019. 海南地方稻新种质抗病虫鉴定与评价[J]. 中国稻米，25（2）：50-52，58.

田卉，刘映红，2012. 稻纵卷叶螟雌雄蛹的鉴别方法[J]. 植物医生，25（5）：10-11.

王琛，朱文静，符悦冠，等，2015. 茶黄蓟马嗜好颜色筛选及监测效果测定[J]. 环境昆虫学报，37（1）：107-115.

王泽华，石宝才，宫亚军，等，2013. 棕榈蓟马的识别与防治[J]. 中国蔬菜，（13）：28-29.

吴兴彪，齐春伶，2021. 不同类型药剂防治设施番茄烟粉虱的效果[J]. 中国植保导刊，41（6）：81-83.

夏秋博，程广东，卢惠迪，2020. 马铃薯主要地下害虫及综合防治技术要点浅析[J]. 南方农业，14（15）：36-37.

肖卫平，谈孝凤，吴庭慧，等，2021. 人工释放稻螟赤眼蜂防治二化螟应用技术[J]. 中国植保导刊，41（5）：51-55.

杨艺炜，刘晨，任平，等，2021. 烟粉虱对高温和低温胁迫响应及生态防控策略[J]. 西北农业学报，30（5）：782-788.

袁琳琳，李芬，潘雪莲，等，2021. 外来入侵害虫棕榈蓟马的研究进展[J]. 热带生物学报，12（1）：132-138.

曾鑫年，林进添，1998. 黄胸蓟马对香蕉的危害及其防治[J]. 植物保护（6）：16-18.

张孝羲，耿济国，周威君，1981. 稻纵卷叶螟迁飞规律的研究进展[J]. 植物保护（6）：2-7.

中国科学院动物研究所，1979. 中国农业昆虫（下册）[M]. 北京：农业出版社：274-275.